VÉRITÉS

SUR

LES LANDES

DE LA GASCOGNE,

ET SUR

LA CULTURE FORESTIÈRE

DES PINS.

PAR UN PAYSAN DES LANDES.

PARIS,

TYPOGRAPHIE DE FIRMIN DIDOT FRÈRES,

RUE JACOB, 56.

1841.

AVERTISSEMENT.

Des motifs très-avouables ont fait différer la publication de cet écrit, dont l'impression fut commencée dans les derniers jours de l'année 1839 : l'Auteur a voulu, avant qu'on en fît le tirage, visiter de nouveau les lieux, et soumettre ses vues aux propriétaires les plus expérimentés des Landes, afin de s'assurer, par un examen approfondi et leur contrôle sévère, de la véracité des faits et des chiffres qu'il avait empruntés à ses souvenirs. Les adhésions unanimes qui ont été données à son premier travail, dans ce récent voyage, en ayant confirmé l'exactitude, il est livré à la publicité, tel qu'il fut imprimé dans l'origine. Cependant, comme durant l'intervalle de temps qui s'est écoulé entre l'impression et la publication, l'illustre M. Arago, dans un discours qui coïncide sur beaucoup de points avec les opinions de l'auteur, appela l'attention de la chambre des députés sur la pénurie et l'irritation des travailleurs ; que, d'un autre côté, l'émeute des ouvriers a exigé un déploiement de forces et de moyens stratégiques qui auraient suffi pour arrêter l'ennemi en 1814 et 1815, si les généraux qui commandaient ces forces avaient été aussi bien inspirés contre les Cosaques que contre les prolétaires; qu'enfin les crises de la Bourse ont failli confirmer les sinistres prévisions de l'auteur, tant sur les imminentes collisions entre les non-censitaires et les censitaires (véritable lutte entre la faim et l'égoïsme) que sur le sort du grand-livre, l'auteur a cru devoir donner ces explications, pour qu'on ne l'accusât ni de plagiat, ni d'avoir prophétisé après l'événement.

VÉRITÉS

SUR LES

LANDES DE LA GASCOGNE,

ET SUR

LA CULTURE FORESTIÈRE DES PINS.

« Notre but est de donner des notions sur les landes
« dont l'exactitude soit prouvée par les faits et garantie
« par le témoignage de toute une province, afin que chacun
« puisse consulter ces faits et invoquer ce témoignage. »
DALLIÈZ, pag. 41 de cet écrit.

Erreurs et exagération de quelques écrits sur les landes.

LES semis de pins forment une des plus importantes branches de la culture forestière. Préconisés d'abord par les économistes comme agent de travail et de civilisation pour des populations presque sauvages, les intérêts s'en sont emparés, plus tard, comme élément de production et de richesse dans des contrées jusqu'à ce jour stériles. La solution de ce double problème était trop séduisante pour que l'imagination pût échapper à l'engouement, et la cupidité aux tentations : c'est ce qui est arrivé. Des esprits généreux voulant trop agrandir les avantages de cette production, en ont trop généralisé les causes ; de ce que des forêts de pins se formaient sur des terres jusqu'alors improductives, ils ont induit que toutes les terres en friche pouvaient indistinctement supporter cette culture ; et, procédant *in extenso* par voie d'analogie et de conséquence, ils sont arrivés à conclure que le même sol produirait, non moins facilement, des céréales, des fourrageuses et toutes les autres plantes du domaine de l'agriculture. C'était une erreur ou une illusion ayant l'expérience pour correctif et conséquemment peu dangereuse (1). Des *faiseurs*, s'emparant de ce

(1) Voir à l'Appendice les diverses opinions émises sur les Landes et la culture des Pins.

thème, sont venus, plus tard, traduire ces hypothèses par des chiffres, et, dans une poésie moins gratuite et plus descriptive, faire aux capitaux un appel, jusqu'à ce jour décevant: c'est là un plus grand mal que des écarts de théorie ou d'imagination, parce que l'insuccès pouvait être assimilé à l'impuissance, et l'espoir de l'avenir être étouffé par les fautes du passé. Essayons de rétablir les choses dans leur état naturel; faisons la part de chaque sol; élaguons des forêts enchantées qu'ont enfantées les prospectus ces myriades de sujets chimériques dont on a voulu, à l'imitation du Tasse, les peupler pour émouvoir les actionnaires; disons ce que ces forêts peuvent utilement et réellement produire en matières ligneuses et résineuses; étudions dans les faits pratiqués le moyen le plus simple d'obtenir et de gouverner cette culture, parce que la simplicité, en cette matière, c'est l'économie; consultons enfin les éléments ainsi que les besoins de la consommation, et la culture de cet arbre présentera d'assez beaux avantages, offrira d'assez grands profits, pour déterminer les véritables agriculteurs à seconder les vues sociales et patriotiques des hommes de bien qui, les premiers, ont formulé des vœux pour le défrichement de nos landes.

Avantages que présente le sol de la Gascogne, sur toutes les autres parties du sol de la France, pour la culture du pin.

Laissant de côté l'oiseuse question de savoir si le pin maritime est une production indigène ou introduite en France, il suffira de dire, pour l'objet que nous nous proposons d'établir, que cette production existe depuis un temps immémorial sur le littoral de la Méditerranée ainsi que dans les landes de la Gascogne, et que dans les dernières années elle s'est développée avec succès dans la Sologne et dans le Maine, où, il est vrai de le dire, cet arbre a été traité avec les soins et les égards qu'on accorde aux nouveaux venus, lorsqu'ils se présentent sous le patronage de la civilisation, tandis qu'ils sont délaissés lorsque, par leur filiation, ils ne relèvent que de la nature. Cependant, et malgré la puissance auxiliaire de la main de l'homme, la différence des sols de ces diverses contrées en amène aussi de très-grandes dans les résultats : c'est ainsi que dans les terres plastiques et argileuses de la Bretagne, de la Sologne, sur le sol rocailleux et calcaire de la Provence, cet arbre ne croît que lentement, et n'atteint, à l'âge de cinquante ans, qu'une grosseur de 0 m., 96 à 98 centimètres (36 à 40 pouces), à 0 m., 32 centim. (1 pied) au-dessus du collet de la racine, tandis que dans les landes de la Gascogne il a, dès l'âge de vingt-cinq ans, obtenu le même développement, et qu'à l'âge de cinquante ans sa circonférence moyenne, à la même hauteur, est de 0 m., 85 centimètres (5 pieds) au moins. Il résulte évidemment de ces faits (connus de tous ceux qui ont pu comparer les pins que produisent les pays cités) que dans les landes la culture de cet arbre fournit, dans les mêmes conditions de temps, trois ou quatre fois plus de produits ligneux que dans les autres contrées.

Composition du sol des landes.

Cette végétation si prompte et si luxuriante est due, non à la climature, puisque la chaleur est encore plus forte dans la Provence que dans la Gascogne, mais à la constitution du sol des landes. Ce sol se compose, en effet, d'un sable très-friable dont la couche a généralement plusieurs mètres de profondeur, et est baignée, à sa base, par une nappe d'eau. Les grains de ce sable ne sont agrégés, comme dans les sols ordinaires, ni par des détritus végétaux, ni par des alluvions argileuses : cela se conçoit, car ces sables, longtemps roulés et lavés par les flots, ont été jetés et amoncelés sur la plage, où ils ont formé une véritable *laisse* de mer. Cette condition géologique, indice d'une stérilité presque absolue, est cependant la plus favorable à la culture forestière, et surtout à celle du pin maritime: car d'un côté, cette désagrégation moléculaire ne présente aucune résistance au chevelu si délicat des racines de cet arbre, et de l'autre, la capillarité de ces sables élève, presque jusqu'à la surface du sol, une humidité permanente, seul aliment de ces racines. Mais ce n'est pas uniquement à une plus grande masse de produits ligneux que se réduisent, dans les landes, les effets de cette végétation si active et si puissante : l'exubérance de séve du pin maritime qui y croît, donne aux vaisseaux séveux de cet arbre un grand calibre, ils laissent couler de grosses larmes de résine, tandis que sur les autres points de la France, où le pin ne puise qu'une alimentation lente et laborieuse, ces vaisseaux restent oblitérés et improductifs. Ainsi, des produits résineux annuels, dont on démontrera l'importance, viennent encore s'ajouter aux quantités de bois exploitables..... On expliquera aussi la supériorité du bois de pin des landes, soit pour la combustion, soit pour la charpente.

Enfin, la culture du pin exige dans le Maine, dans la Bretagne et en Provence, un labour des terres qu'il faut ameublir, afin que la radicule et la plumule de la graine puissent, l'une pénétrer dans la terre, et l'autre soulever la couche qui la recouvre. Or, pour peu qu'il y ait d'extirpations d'arbustes ou de plantes vivaces à effectuer, les frais de ce défrichement doivent être comptés pour une dépense de 120 à 150 francs par hectare. Sur le sol des landes, au contraire, point de labours, point de façons à donner aux terres; il suffirait, à la rigueur, de répandre la graine à toute volée sur le sol pour que les sables agités par les vents vinssent la recouvrir : mille expériences ont constaté l'efficacité de ce mode de semis. Cependant on pratique, concurremment avec le semis à toute volée, un mode plus régulier dont les frais, en comprenant le prix de la graine, ne s'élèvent qu'à 5 ou 6 francs par hectare. Ce dernier procédé, que nous expliquerons, rassurera contre ce que paraîtrait avoir de précaire et d'aventureux un semis à découvert. Ainsi le sol des landes présente, à cause de sa composition, une économie de 100 francs au moins par hectare sur tous les autres sols, pour l'ensemencement de la graine de pin.

Terminons ces généralités par un fait non moins important dont nous ferons bientôt ressortir les conséquences : c'est que dans la Bretagne, dans le Maine, sur le littoral de la Méditerranée, les terrains qu'on veut ensemencer en pins, *et qui sont propres à cette culture*, ne coûtent jamais moins de 200 francs l'hectare, et s'élèvent jusqu'à 400 francs, tandis que, dans l'état actuel des choses, il existe dans les landes 200,000 hectares de terres susceptibles d'être immédiatement consacrées à cette culture, qui reviendraient à peine à 50 fr. l'hectare, avec les travaux nécessaires pour les approprier à cette destination.

S'il est vrai qu'on ne saurait trop prêter à la terre destinée à des productions immédiates et annuelles, parce qu'il suffit de quelques récoltes pour rentrer dans les avances, autre chose est la culture forestière dont les produits sont très-éloignés; de là des avances qui, par les pertes de temps et d'intérêts, doublent et triplent la mise de fonds. Ainsi, l'économie dans les dépenses et la réduction du capital à employer pour cette culture sont les premières règles à suivre et la meilleure garantie des profits à espérer. Des chiffres vont démontrer avec évidence comment la culture des pins dans les landes, bien que plus productive qu'ailleurs, n'exige cependant qu'un capital moindre de quatre cinquièmes.

Tableau comparatif des dépenses de culture

Dans les landes de la Gascogne.

Prix d'achat des terrains, l'hectare au maximum......................	50 fr.	62 fr.
Mise en culture et ensemencement.....	12	

En Bretagne, dans le Maine et en Provence.

Prix d'achat du terrain, l'hectare	200 fr.	312 fr.
Labours ou façons de la terre.........	100	
Semis et graine	12	
Différence........		250 fr.

soit quatre cinquièmes de moins pour la culture des landes de Gascogne.

Avant de rendre compte des produits de cette culture, et surtout du débouché de ces produits, véritable *critérium* de l'agriculture, il faut faire connaître le mode d'ensemencer et le régime forestier, d'autant que c'est dans ces deux bases principales du boisement des landes, que les faiseurs de prospectus et les exploiteurs de la commandite ont commis le plus d'erreurs!.... Personne ne récriminera contre la bienveillance de l'expression.

Mode de semis des dunes.

Tout le sol des landes (sauf quelques rares exceptions qui seront indiquées) est identique : un composé de sables désagrégés, plus ou moins mélangés de parties ferrugineuses. Sur tout le littoral de l'Océan, ces sables, exposés à l'action des vents, sont fréquemment remués et amoncelés en dunes. Cette mobilité presque continue du sol rend toute végétation impossible; cependant, comme la fixation de ces dunes importait trop aux grands intérêts de l'État, on est parvenu à cette fixation en les ensemençant de pins. C'est une culture toute spéciale; il faut semer très-dru, jeter à toute volée 80 litres de graine par hectare, et la couvrir immédiatement d'une épaisse couche de branchages feuillus. Cet abri de courte durée est néanmoins assez persistant pour préserver les sables de l'érosion des vents, et donner aux graines le temps de poindre sur le sol et de prendre racine. A la fin de la seconde année, ce semis présente une jeune forêt de 32 centim. (1 pied) de hauteur, qui, malgré la ténuité de ses plants encore herbacés, abrite ces dunes mobiles par son faîte tandis qu'elle les consolide par ses racines. La dépense pour ces semis a été, dans l'origine, de 250 francs par hectare, à cause de l'absence ou de l'éloignement des forêts pour avoir des branchages; de nos jours elle n'est jamais moindre de 150 francs. Ces dunes, depuis l'embouchure de la Gironde jusqu'à Bayonne, forment une zone d'une largeur moyenne de 2 lieues; derrière cette zone se trouve ce vaste delta de 750 lieues carrées qu'on nomme Landes de Gascogne. Sur ce sol, plus éloigné de la mer et moins tourmenté par les vents, se sont développées, sans obstacle, les forêts qui en occupent quelques rares espaces et les bruyères qui couvrent toutes ces steppes. Les feuillages et les racines de ces bruyères, un mince tapis de verdure formé par des gramens amaigris, des cistes, des orchis, des scabieuses et des ajoncs, voilà toute la richesse relative de ces steppes sur les dunes énudées! Voilà aussi, il faut le dire, tout ce que peut la nature sur ces sables arides! Ces détails étaient nécessaires pour faire comprendre la facilité et l'économie de l'ensemencement des pins, ailleurs que sur les dunes. Voici la méthode usitée:

Mode de semis le plus économique et le plus assuré.

Des femmes, placées à 2 mètres (6 pieds) de distance les unes des autres, marchent de front et parallèlement; elles s'arrêtent après avoir marché 4 pas (2 mètres environ), et font, avec une petite bêche de 0 m., 08 c. (3 pouces) de hauteur et 0 m., 05 c. (2 pouces) de largeur, une entaille dans le sable de 0 m., 05 c.

(2 pouces) de profondeur; elles jettent dans l'ouverture un peu béante de cette entaille 3 ou 4 graines de pin, passent leur sabot ou leur orteil sur l'orifice de ce trou, et continuent leur marche et leur manœuvre. Jamais les bruyères auxquelles on a mis le feu avant ce semis, ni les autres plantes, n'offrent une difficulté aux travailleurs; ces plantes laissent entre elles des interstices qui présentent plus de sol nu que de sol couvert; il leur suffit donc de déranger leur bêche de quelques centimètres pour trouver du vide, et ce vide est toujours un sable désagrégé comme celui des dunes, où les pins se plaisent tant. Il n'est pas besoin d'expliquer que les plantes au milieu desquelles on jette ces graines abritent les jeunes pousses du pin contre la chaleur du soleil. Ces frais d'ensemencement sont à peine de 6 francs par hectare. En voici la décomposition :

Supposons pour cette manœuvre deux femmes, dont chacune parcourra certainement dans une journée de travail vingt-cinq fois la longueur d'un hectare de terrain, parcours équivalant à une distance de 2,500 mètres, fera 1,250 trous qui ne coûtent aucun effort, et les recouvrira, puisqu'il ne s'agit que de passer le pied dessus. Ce travail suffisant au semis d'un hectare, n'exige donc que deux journées de femme, à 75 centimes chacune, prix excessif dans les landes, ci. . . 1 fr. 50 c.

Les arbres devant être semés à 2 mètres (6 pieds) de distance les uns des autres, il faut 2,500 trous par hectare. Supposons qu'on jette 4 graines dans chaque trou, c'est 10,000 graines à répandre; ces 10,000 graines forment à peine un vingtième d'hectolitre. Mettons un dixième ou 10 litres à 30 francs l'hectolitre, 3 francs, ci. 3

Total par hectare. . . . . 4 fr. 50 c.

Admettons qu'il vienne seulement deux arbres dans chaque trou, ce qui serait trop, il suffit pour les éclaircir d'infléchir ceux qu'on voudra détruire, et de les casser à une partie quelconque de leur tronc: les conifères, on le sait, ne repoussent pas. Cette opération exigerait à peine une demi-journée de travail.

Les pins ainsi semés ont, durant les trois ou quatre premières années, une croissance moins vigoureuse que s'ils eussent été semés dans les dunes ou dans les landes défrichées, labourées et hersées; mais avant leur huitième année, lorsque les racines ont plongé dans le sable et vaincu les résistances que pouvaient leur offrir les autres plantes, et que les arbres ont étouffé ces plantes sous leur ombrage, cette différence disparaît, et ils arrivent, dès la dixième année au plus tard, à la même hauteur et grosseur que s'ils eussent été semés dans des terres préparées, bien qu'il y ait eu économie de 100 francs au moins par hectare.

Produits ligneux et résineux des forêts de pins.

Les produits de cette culture se composent :

Des échalas;

Des bourrées et fagots provenant des premières éclaircies;

De la bûche, des bois de charpente et du charbon provenant des éclaircies opérées après la quinzième année des semis;

Des produits résineux que les arbres commencent à rendre à vingt-cinq ans, et qui durent jusqu'à épuisement des arbres;

Enfin, des produits ligneux en bois de charpente et de chauffage de la forêt coupée à *blanc-étoc* (c'est-à-dire à raser.)

Les échalas ont fourni les épisodes les plus pittoresques aux faiseurs de prospectus. Répandez, disaient-ils, 100,000 graines de pin par hectare de terre, vous retirerez 99 milliers d'échalas des tiges superflues, et vous ferez de l'or avec ces produits.

Réduisons cette assertion à sa valeur.

Des échalas.

Pour qu'une forêt produise des échalas, il faut défricher le sol, labourer, herser, semer dru : opérations qu'on ne peut estimer moins de 100 ou 150 francs par hectare. Mais quand, après cette dépense, on aura des pépinières de pins, que fera-t-on des échalas? Voilà ce qu'on aurait dû se demander. Tous les vignobles du pays bordelais depuis le Médoc jusqu'à Barsac, sur la rive gauche de la Garonne, sont contigus aux landes, dont les grands propriétaires vinicoles possèdent d'assez vastes surfaces pour leur approvisionnement d'échalas; il n'y a, d'ailleurs, que les landes formant la lisière de ces vignobles, à deux ou trois lieues de profondeur, qui puissent espérer, par le rapprochement des lieux de consommation et l'économie des frais de transport, quelques avantages de cette culture. Depuis Barsac jusqu'à Agen, en remontant le fleuve, les vignobles vont toujours décroissant de valeur, à cause de l'infériorité de la qualité des vins; on donne conséquemment moins de soins aux vignes qui finissent, à l'extrémité de cette ligne, par n'avoir plus de *tuteurs*. L'élagage des saules et le recépage des acacias fournissent, d'un autre côté, dans cette partie de la vallée de la Garonne, des échalas supérieurs à ceux du bois de pin, et en suffisante quantité pour les besoins des vignes de ces contrées. Ainsi la production actuelle des échalas est proportionnée à la consommation, et on s'exposerait à un superflu de produits de cette nature, si on leur donnait trop d'extension; il y aurait dès lors perte, non-seulement des 100 ou 150 francs inutilement dépensés par hectare de terrain pour le disposer à cette culture, mais encore des frais d'éclaircies, que ne compenseraient certainement pas les bourrées et les fagots qu'elles produiraient, parce que ce combustible n'aurait aucun débouché et se perdrait sur place. C'est ce qui est arrivé pour l'ensemencement des dunes : l'administration n'a pu trouver aucun entrepreneur qui voulût se charger des travaux de l'éclaircie, moyennant l'abandon, à son profit, des bois à abattre, bien que ces bois eussent vingt ans d'âge et qu'ils pussent fournir de la bûche et du charbon. Il est vrai de dire que ces dunes sont situées sur les bords de la mer, loin de tout centre de consommation, et que les transports, si difficiles dans les landes, auraient coûté plus que la valeur de ces bois. Mais cette exception doit être un enseignement pour le boisement des landes; il faut que la production soit motivée ou basée sur une consommation certaine, sous peine de perdre, non-seulement les produits, mais encore les dépenses faites pour les obtenir.

Les bourrées et les fagots ont encore moins de valeur que les échalas. Il est facile de concevoir qu'il n'y a que des forêts placées à proximité des villes ou des populations qui puissent trouver un débouché de ces produits : or, ces deux conditions n'existent pas dans les landes, si dépeuplées; il suffit d'avoir Des bourrées.

parcouru les forêts et d'avoir vu les quantités considérables de bois de *chablis*, qui y pourrissent, pour rester convaincu de l'inutilité de ce produit.

Ici commence la production utile de la culture des pins.

Produits ligneux en bois et charbons.

On a vu que, dans le mode d'ensemencement proposé, on n'avait pour objet que d'obtenir, avec le moins de frais, des produits résineux et des produits ligneux profitables. Ce mode de culture est non-seulement plus économique et plus rationnel, mais encore plus conforme aux principes agricoles, que celui d'un semis dru. On comprendrait 100,000 graines répandues sur une surface de 10,000 mètres carrés, s'il s'agissait de plants à repiquer en pépinière ; mais vouloir espacer à environ 32 cent. (1 pied) de distance sur un hectare de terre, 100,000 arbres, qui, dès la troisième année, auront des branches divergeant de plus de 0 m., 65 c. (2 pieds), c'est là un de ces prodiges d'imagination que la commandite pouvait seule enfanter ! Ces arbres privés d'air et des sucs nourriciers du sol seront filiformes, et, malgré les éclaircies annuelles et successives proposées, ils resteront toujours grêles et altérés par les privations originelles qu'ils auront subies. En réduisant, au contraire, ce nombre à 2,500, et en espaçant les arbres à 0 m., 95 c. (6 pieds), ils puiseront abondamment dans la terre et dans l'air, ces deux grands agents de la végétation, tous les fluides nécessaires à leur développement. Dès l'âge de six ans, les branches inférieures de l'ombelle de ces arbres commenceront à se croiser ; mais la flèche couronnant l'ombelle, et qui vers la cinquième année s'allonge tous les ans d'environ 0 m., 49 c. (1 pied 6 pouces), en même temps que les branches inférieures tombent (élagage dont la nature fait les frais), la flèche sera assez dégagée de tout voisinage importun ou parasite pour aspirer les gaz nécessaires à l'alimentation de l'arbre, dont jusqu'à l'âge de quinze ans l'air ambiant enveloppera suffisamment les tiges, et circulera assez librement entre les rameaux et les feuilles pour pourvoir à leur absorption. Ce rapprochement, jusqu'à l'âge de quinze ans, est dans les conditions normales qui doivent faciliter l'élancement en contrariant un peu le développement par intus-susception. A 15 ans les arbres auront une hauteur moyenne de 10 mètres (30 pieds); leur circonférence, encore un peu filiforme, sera de 0 m., 40 c. à 0 m., 50 c. (15 à 20 pouces), à 1 mètre (3 pieds) au-dessus du sol.

A quinze ans on opérera l'abattage d'un cinquième. On aura donc, par hectare, 500 arbres dont le bois pourra être converti en charbon. Ce bois, il faut le reconnaître, sera inférieur au vieux bois, parce qu'il sera moins dense et moins résineux. On peut néanmoins, et sans exagération, estimer chacun de ces arbres 15 centimes, net de tous frais d'abattage et de distribution.

A vingt ans on fera l'éclaircie d'un second cinquième ; les arbres abattus auront 12 mètres (36 pieds) de hauteur, et à 1 mètre du sol, 0 m., 55 c. (20 à 25 pouces) de circonférence; chaque arbre vaudra 25 centimes net, au moins.

A vingt-cinq ans, troisième éclaircie. Cette opération produira 500 arbres, tous pouvant fournir des solives, des planches, de la bûche de bonne qualité et du charbon. Ces arbres, hauts de 13 mètres (40 pieds environ) et d'une circonférence de 0 mètre 69 c. à 0 m., 74 c. (25 à 30 pouces), à 1 mètre du sol, ces arbres produiront net 60 centimes au moins. Immédiatement après cette opération, on incisera les 500 arbres destinés à être abattus à la trentième année, pour en obtenir des récoltes de résine. Ces arbres donneront un produit annuel de 4 centimes. On forcera le rendement en résine jusqu'à épuisement des arbres. Cet épuisement, loin de nuire à la qualité du bois, soit comme combustible, soit comme bois de charpente, ne fait au contraire que l'améliorer.

Produits résineux.

A trente ans, âge où la croissance des arbres se ralentit, et où la végétation agit avec le plus de force vers la circonférence, on abattra les cinq cents arbres *résinés* depuis la vingt-cinquième année, et formant la quatrième et dernière série des éclaircies. Ces arbres, hauts de 15 mètres (45 pieds), et d'une circonférence de 0 m., 85 c. à 0 m., 90 c. (30 à 35 pouces) à 1 mètre du sol, vaudront 1 franc au moins chacun. La production ligneuse sera suspendue, après cette éclaircie, jusqu'à la coupe à *blanc-étoc* de la forêt; car on n'aura de bois que celui provenant des arbres abattus par le vent (circonstances fort rares et dont les effets ont peu d'étendue) ; mais on entrera alors dans la période de la production résineuse. A cet effet, on incisera les cinq cents arbres restants, destinés à former la forêt. Ces arbres, dégagés par les éclaircies successives de tout ce qui faisait obstacle à leur complet développement, puiseront copieusement dans la terre et dans l'air tous les fluides nécessaires, se renfleront vers la base, et, dès l'âge de cinquante ans, auront acquis, à 1 mètre du sol, une circonférence moyenne de 1 m., 50 c. à 1 m., 75 c. (4 à 5 pieds). On peut, sans exagération, évaluer le produit résineux de chaque arbre jusqu'à l'âge de soixante ans, époque où les arbres ont atteint leur maximum d'accroissement et de production, et où ils commencent à péricliter, à 10 centimes au moins, soit 50 francs par hectare.

A soixante ans, époque de la coupe à *blanc-étoc*, chaque arbre vaudra 5 francs au moins, soit 2,500 francs par hectare.

Résumé en chiffres de ces divers produits :

Tableau des produits de cette culture.

	francs.
A quinze ans, produit de cinq cents arbres de la première éclaircie, à 15 centimes	75
A vingt ans, produit de cinq cents arbres de la deuxième éclaircie, à 25 centimes	125
A vingt-cinq ans, produit de cinq cents arbres de la troisième éclaircie, à 60 centimes	300
De vingt-cinq à trente ans, produit du résinage des cinq cents arbres qui seront abattus à la trentième année, à raison de 4 centimes par arbre, soit par an 20 francs, et pour cinq années, ci	100
A trente ans, produit de cinq cents arbres de la quatrième éclaircie, à 1 franc	500
De trente à soixante ans, produit annuel de résine, à 10 centimes par arbre, soit 50 francs par an, et pour trente ans	1,500
Enfin, valeur des cinq cents *derniers* arbres de la forêt, à 5 francs l'un	2,500
Ainsi on aura obtenu par hectare, en soixante ans	5,100

Pour une mise première de 62 francs.

	francs.
Si on veut tenir compte des intérêts de cette mise jusqu'aux périodes de la production, à raison de 5 pour 0/0 l'an, on trouve que la mise en dehors est de.............	62
Intérêts composés jusqu'à la quinzième année, à 5 pour 100 (en nombre rond)......................	62
Maximum du capital mis en dehors..............	121
Dès la quinzième année, on rentre dans le capital, pour une somme de............................	75
Reste.................	49
Intérêt à 5 pour 100 jusqu'à la vingtième année, en chiffres ronds................................	16
Dernier découvert du capital.....	65
A la vingtième année, on rentre dans ce capital pour..	125
On a donc pour dividende des vingt premières années.	60

Soit par année un dividende de 3 francs.

A la vingt-cinquième année, on obtient un capital de.	300

Soit un dividende de 60 francs par an, pour chacune des cinq dernières années.

De la vingt-cinquième à la trentième année, on touche par an *un dividende de 20 francs en résine*, ci....	100
A la trentième année, on touche pour prix du bois de la dernière éclaircie............................	500

Soit un dividende annuel de 100 francs pour les cinq dernières années; à quoi ajoutant les 20 francs de l'article précédent, *le dividende s'élève à 120 fr. par an.*

De la trentième à la soixantième année, *on touche*, *en revenus fixes et annuels*, 50 *francs* pour le produit résineux..	1,500
Mais si on ajoute à ce revenu annuel le produit de 2,500 francs de la forêt à la soixantième année, ci.....	2,500

Le dividende des trente dernières années sera de 175 francs par an.

Et pour une mise *amortie* de 62 francs, on aura eu un bénéfice de................................	4,960

Détails, faits, preuves, objections et réponses.

De tels résultats présentent une si énorme supériorité sur ceux qu'on obtient par toute autre sorte de culture, des bénéfices si extraordinaires, si exceptionnels, que la première réflexion semble devoir commander le doute sur leur véracité; on objectera naturellement ensuite que, s'ils étaient aussi exacts, aussi faciles à obtenir, aussi réguliers et aussi continus qu'on l'a établi, agriculteurs et commerçants, ceux qui ont peu et ceux qui ont beaucoup, tout le monde se serait rué sur ce pays, l'aurait défriché et boisé, et qu'on n'y trouverait plus de terres à acheter au vil prix de 50 francs l'hectare! Pendant que la prudence suggérera ces spécieux raisonnements qui, après tout, ne sont que des abstractions, les *faiseurs* à conscience endurcie raisonneront tout au rebours, persisteront à soutenir toutes leurs exagérations, et ne contesteront que l'économie que nous avons posée comme base, moyen et garantie.

Répondons, tour à tour, à l'incrédulité des uns, à la prudence des autres et à l'impassibilité des derniers.

Nous avons dit que l'ensemencement des pins ne coûtait, au maximum, dans les landes, que 12 francs l'hectare; les semis de plusieurs milliers d'hectares, opérés depuis quelques années sur divers points de l'arrondissement de Nérac (Lot-et-Garonne), dans le canton de la Teste (Gironde), et dans un grand nombre de communes du département des Landes, à ce prix et par les moyens que nous avons indiqués, sont un fait sans réplique. On trouverait bon nombre d'entrepreneurs qui se chargeraient, à de telles conditions, de faire sur de vastes surfaces, des semis dont ils garantiraient les résultats: obligation très-peu onéreuse; car il est sans exemple qu'un semis de pins n'ait pas réussi lorsque la graine n'était pas altérée. Or, cette altération ne peut exister que lorsqu'on met les cônes de pin dans un four trop chaud; la graine, en tombant sur l'âtre, se torréfie, et le germe périt. Mais toutes les fois que la graine aura été extraite des cônes dans lesquels elle est emboîtée, par la dessiccation solaire ou par une chaleur modérée d'étuve, il suffira de la jeter dans les sables pour qu'elle pousse. Tout ce que nous venons de dire est de notoriété dans les Landes.

Les vastes superficies de landes, mises en vente dans l'arrondissement de Nérac, dans celui de Bordeaux et dans celui de Mont-de-Marsan, démontrent la possibilité d'acquérir les 200,000 hectares indiqués. Cette quantité cessera d'étonner lorsqu'on saura que dans une propriété du prix de 50,000 francs seulement, on compte la contenance par milliers d'hectares.

Quant au prix vénal de 50 francs par hectare, il est puisé dans les mutations importantes opérées dans le département des Landes depuis quatre ou cinq ans.

La Compagnie d'exploitation et de canalisation des landes acheta, il y a sept ou huit ans, les belles terres de Pontens, Castéja et Bestaven, d'une contenance totale d'environ 15,000 hectares, pour 1,800,000 francs, soit 120 francs l'hectare. Le quart de ces propriétés réunies est en culture forestière ou rurale, le restant en landes incultes. Admettant que la partie cultivée n'ait qu'une valeur, par hectare, décuple de celle qui est inculte (proportion bien inférieure à celle de nos appréciations) celle-ci ne devrait être comptée dans le prix d'achat que pour une ventilation de 14 francs au plus l'hectare.

Trois ans plus tard, 12,000 hectares, dont 2,000 ensemencés de jeunes pins, furent vendus 370,000 francs : moins de 31 fr. l'hectare.

Vers la même époque, il fut opéré une vente de plus de 15,000 hectares avec des droits sur une plus grande contenance, pour 800,000 francs. Cette vente comprenait près de 2,000 hectares de forêts, dont la valeur est certainement décuple des landes en friche : ce qui ferait ressortir celles-ci à 22 francs l'hectare.

Il fut enfin vendu, il y a quatre ans, sous une condition suspensive qui subsiste encore, 15,000 hectares de landes incultes, à 30 francs l'hectare.

Ainsi, la ventilation de 50 francs l'hectare excède les prix effectifs auxquels on achète les landes. Ceci est encore de notoriété publique. Mais pour obtenir ces bons marchés, il faut acheter directement et de première main, recevoir terres pour écus, au lieu de donner les écus en échange d'un papier soyeux appelé action. Nous reviendrons bientôt sur ce sujet.

Nous avons calculé le semis et le peuplement des forêts à raison de 2,500 arbres par hectare. Nous avons dit qu'un espacement de 2 mètres était suffisant jusqu'à la quinzième année: les semis si fructueusement effectués depuis huit années dans les arrondissements de Nérac, Bordeaux et Mont-de-Marsan, sur quelques milliers d'hectares, viennent donner à cette base d'opération la sanction irrévocable de l'expérience. Nous avons dit qu'à partir de la quinzième année, on pourrait faire, tous les cinq ans, une éclaircie de 500 arbres, et réduire ainsi le nombre des arbres destinés à former la futaie à 500 par hectare, ce qui laisserait à chacun d'eux un espace de 20 mètres carrés. Nous avons fixé la valeur des arbres d'éclaircies à 15 centimes pour ceux de quinze ans, à 25 centimes pour ceux de vingt ans, à 60 centimes pour ceux de ving-cinq ans, à 1 franc pour ceux de trente ans, et à 5 francs pour ceux de cinquante à soixante ans. Tous ces chiffres de quantité et de prix sont au-dessous des appréciations faites dans les ouvrages les plus consciencieux sur les landes, et entre autres un projet d'ensemencement publié, en 1837, par M. le comte *de Puységur*, l'un des grands propriétaires de ces contrées. C'est avec les faits d'une pratique de quarante années, avec les chiffres empruntés à ses livres de recettes et de dépenses domestiques, qu'il est venu (dans le traité le plus démonstratif qu'on eût encore publié sur la culture du pin) indiquer et prouver tous les profits qu'on peut espérer de cette culture. Nous ne pouvons, comme lui, recourir, pour appuyer nos assertions, qu'au témoignage qu'il invoquait. Voici ce qu'il écrivait:

« Pour vérifier ces calculs, que l'on consulte les propriétaires « des landes qui ont semé des pins aux environs de Bordeaux, « ils les appuieront de leur témoignage.

« Nous renvoyons aussi à un écrit remarquable publié, en « 1826, par *M. Billaudel*, ingénieur en chef du département de « la Gironde.

« Cet habile administrateur s'était convaincu par lui-même « des grands avantages du semis de pins et de chênes pour « l'utilité publique et pour le propriétaire des landes.

« Ses observations sont pleines de justesse et de science, et « ses calculs, conformes aux nôtres, l'ont amené à conclure que « les revenus de l'ensemencement des pins surpassent tout ce « qu'on peut attendre de toute autre spéculation agricole. »

Les landes dont on proposait la culture dans cet ouvrage, sont situées à trois lieues de Bordeaux et entourées de vignobles; là, le semis de pins pour échalas était motivé sur une consommation positive; mais, il fallait défricher, herser, semer dru, ce qui élevait les dépenses pour l'ensemencement à près de 100 francs par hectare. Qu'on lise cet écrit d'un homme de pratique, et les ouvrages de *MM. Deschamps* et *Billaudel*, dont les noms font autorité sur la question des landes (1), on y trouvera la preuve que nulle autre culture ne présente autant de bénéfices, et que nulle contrée de France n'est plus propre que les landes de la Gascogne à son développement.

Causes qui arrêtent la mise en culture des landes.

Quant aux objections tirées du peu d'extension de la culture des landes, du peu d'empressement qu'a montré le public pour y prendre intérêt, et de la vilité du prix des terres, il faut en chercher les causes dans la constitution et dans la configuration du sol, dans l'incurie du gouvernement et dans les fautes commises : nous allons, sans chercher querelle à la nature, à la politique, ni aux passions, donner quelques explications sur ces causes.

Stagnation des eaux.

On a considéré la stagnation des eaux pluviales, sur la plus grande partie des terrains incultes, comme un des plus graves obstacles à la culture générale : nous ne pensons pas que cet obstacle soit absolu. Nul doute qu'on ne puisse pas cultiver des champs qui resteraient couverts par les eaux durant trois ou quatre mois; mais ces submersions s'opposent-elles à toute plan-

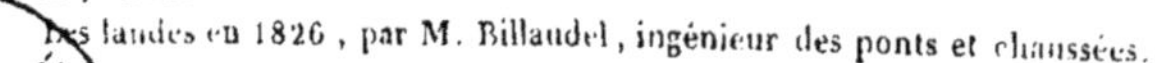

(1) Des travaux à faire pour l'assainissement et la culture des landes de Gascogne; par M. C. Deschamps, inspecteur général des ponts et chaussées. Paris, 1832.

Des landes en 1826, par M. Billaudel, ingénieur des ponts et chaussées.

tation forestière? Voilà ce qu'il convient d'examiner avec quelque attention.

On s'est beaucoup trop préoccupé des cultures rurales. Ce que nous avons dit de la constitution du sol des landes aura fait comprendre son infécondité. Considéré comme condiment, ce sol, par sa grande divisibilité moléculaire, est merveilleusement propre au développement des plantes à racines tuberculeuses, pivotantes et fusiformes, telles que pommes de terre, topinambours, oignons, navets, carottes, betteraves, panais et salsifis, pourvu qu'on fume copieusement. Mais comment avoir des engrais quand il n'y a ni population, ni bestiaux dans le pays? Comment les y amener de loin, quand il n'existe aucune voie de communication, et que l'absence des matériaux généralement employés pour la confection des routes s'oppose à l'établissement de tout chemin? Ainsi, la stérilité naturelle du sol, autant que sa configuration (que nous allons essayer d'expliquer), sont des obstacles immédiats à toute culture générale.

Configuration du sol.

La surface du sol, qui, à l'œil, semble plane et horizontale, est cependant ondulée en sens divers sur les plateaux, et trop inclinée sur les versants, pour qu'on puisse établir, en ligne droite, des chemins de fer qui devraient passer sur les crêtes. Ces conditions semblent suffisantes pour assurer l'écoulement des eaux; il n'en est pourtant pas ainsi, les dépressions de terrain qui sont la partie concave de ces ondulations n'offrant aux eaux aucune issue, ou que des issues insuffisantes, ces eaux forment dans les bas-fonds des flaques qui, selon la nature des couches inférieures, deviennent, ou des mares temporaires que dessèchent les chaleurs de l'été, ou des lagunes permanentes. Point de végétation à espérer sur ces terrains, point de séjour possible pour l'homme dans leur voisinage! Sur les revers des plateaux, les eaux pluviales sont absorbées, il est vrai, par les couches plus ou moins épaisses de sable qui sont à la surface; mais il existe au-dessous de ces couches des bancs imperméables d'un tuf ocracé qui retiennent les eaux, ou les amènent par degrés à la surface du sol inférieur où elles forment, par le peu d'adhérence de ce sol, des rigoles et des bourrelets si multipliés, que les versants les plus allongés, tels que ceux du Médoc, sont, malgré leur déclivité, aussi submergés que les dépressions des plateaux. Ajoutons à ce tableau, qu'il n'existe sur cette vaste surface qu'un petit nombre de rivières ou de ruisseaux, que ces rivières et ces ruisseaux n'ont raviné que les arêtes des plateaux où ils ont fait des trouées; que, sur les versants, les lits de ces ruisseaux, presque sans bords et comblés par les sables, ne peuvent suffire au volume des eaux; qu'enfin il n'existe, sur ces terrains incultes, aucun fossé, aucune issue artificielle, — et l'on comprendra facilement ces submersions hivernales et les difficultés qu'elles opposent à l'agriculture.

Projets de M. Deschamps.

M. Deschamps, qui a consacré une grande partie de sa vie si laborieuse à l'étude de ces contrées, a publié un système complet pour les dessécher et les assainir, par l'établissement de canaux qui auraient parcouru les landes dans tous les sens. Ces canaux remplissaient les trois conditions sans lesquelles l'agriculture est impossible dans ce pays: réunir en hiver les eaux superflues dans des bassins pour les empêcher de se répandre sur les surfaces; en avoir en réserve l'été pour rafraîchir un sol aussi altéré que la zone torride; et multiplier les voies de communication par eau, voies les plus économiques pour l'agriculture et les plus convenables aux produits des landes qui ne seront jamais, en masse, que des bois et des matières résineuses d'un grand volume, et, relativement, d'une valeur fort exiguë. Les moyens à employer, les difficultés à vaincre, les avantages à espérer, tout avait été calculé et prévu avec cette rigoureuse précision qui donne un cachet d'infaillibilité aux grands travaux exécutés par cet ingénieur. Toute une province à fertiliser, ce qui équivalait à une conquête paisible dans laquelle le soc et la charrue auraient remplacé les attirails de guerre; une grande partie des habitants de trois départements à arracher à la misère et à l'ignorance par le travail et la civilisation qu'il développe; des profits lents, mais certains, à attendre de la mise en culture de ces vastes déserts, voilà le programme que *M. Deschamps* présentait au gouvernement, aux esprits généreux et aux nobles ambitions.

Pour qu'un gouvernement l'eût accepté, il eût fallu un *Sully*, un *Colbert*, un *Chaptal*, au lieu d'administrateurs tenant bureau d'escompte pour les grands projets auxquels ils donnent cours, en raison directe des profits qu'eux et leurs amis en retirent en primes, pots-de-vin et marchés à forfait, et presque toujours aussi en raison inverse de leur utilité. Il fallait, pour s'associer aux larges pensées de l'auteur, des hommes ayant plus la pratique des faits que les comices agricoles; il fallait enfin, pour les réaliser, d'autres spéculateurs que des juifs ou des boursiers.

Les projets de *M. Deschamps* n'ont malheureusement été publiés qu'à l'époque néfaste où l'agiotage, découlant en laves érosives du sommet de la société, venait tout corrompre jusque dans ses bases, pervertir les principes d'ordre, et gaspiller les éléments de prospérité, en substituant les chances précaires du jeu à la prudence et à la probité qui présidaient à l'établissement des fortunes, à l'économie qui veillait à leur conservation; et des masses de papier sous mille titres et sous mille formes, à la terre et au travail, seules garanties de stabilité. Ces projets, contemporains des lettres de naturalisation accordées en France aux principes d'économie financière, transportés d'outre-mer il y a une vingtaine d'années, furent étouffés à leur apparition par la pernicieuse influence de ces principes. Déjà, en effet, la cote des fonds publics était assimilée à un prix courant de la valeur de la France; le grand livre considéré comme le tarif de la fortune publique, et le papier de bourse plus apprécié que toutes les autres valeurs! Désertant alors la terre et les ateliers qui les avaient produits, les capitaux vinrent se concentrer à la Bourse, d'où, depuis lors, ils ne reviennent aux champs et aux métiers que par l'intermédiaire des hommes les moins capables d'en diriger l'emploi, les moins soucieux de l'utilité de leurs applications. Qu'importent aux agioteurs l'abondance des productions naturelles et la supériorité de nos produits manufacturés? Ce n'est pas ainsi qu'ils supputent l'utilité des placements! La hausse ou la baisse à la Bourse, voilà les seuls récoltes, les seuls bénéfices que l'on connaisse dans cet établissement, devenu la grande chancellerie de France, car c'est de là que tout part, c'est là que tout vient aboutir! Mais enfin, dès que, par la force des choses et le temps, cet inexorable régulateur, le nouveau système de papier-monnaie viendra, comme ceux qui l'ont précédé, s'engloutir dans l'abîme qu'il aura creusé; dès que les grands intérêts de l'État rentreront dans des mains pures et intelligentes; lorsque enfin reviendra le tour des grandes choses et d'un bon gouvernement, ces projets seront repris, et toutes les forces vives politiques qu'on use ou dépense de nos jours, pour élever ou abaisser quelques hommes, se porteront vers le défrichement des landes et des terres incultes qui couvrent une partie de notre sol. On comprendra alors que de telles questions ont une autre importance et une autre valeur que l'éphémère existence de quelques histrions qui, depuis tant d'années, viennent parader, à grand renfort de poumons, sur les tréteaux de l'État! L'histoire a reproché au gouvernement de Henri IV d'avoir refusé l'hospitalité aux Maures demandant à s'établir dans les landes, dont ils auraient fait, par leurs travaux, une de nos riches provinces; cependant elle a tenu compte à ce roi de l'intelligence avec laquelle il accueillit personnellement cette proposition, repoussée par les scrupules religieux qui s'élevèrent autour de lui. Quel jugement porterait-elle de nos hommes d'État modernes, si leur nullité ne les condamnait d'avance à l'oubli, eux qui, depuis tant d'années, et avec un budget annuel d'un milliard, n'ont pu agrandir la France d'un hectare de terre défrichée? On dirait que, dans les préoccupations de leur vaste génie, la géographie de la France seule leur échappe, et que, pendant qu'ils cherchent à agrandir son territoire et à augmenter sa population par des possessions d'outre-mer, ils ignorent complétement qu'il existe dans nos quatre-vingt-six départements (1) plus

(1) La superficie de la France est, y compris la Corse, de 52,718,527 hectares, dont 8,000,000 hectares au moins en landes, terres vagues, marais et montagnes. Admettant que cinq millions d'hectares seulement [illegible]

de cinq millions d'hectares de terre tout à fait improductifs, et dont la culture, bien plus facile que celle des roches de l'Afrique ou des Antilles, développerait, d'après les proportions entre la surface du sol et ses habitants, une nouvelle population de plus de 3,000,000 d'âmes. Comment, à défaut de plus nobles pensées, leur sollicitude pour les proches et amis ne leur a-t-elle pas fait comprendre qu'avec ce surcroît de population, il faudrait augmenter proportionnellement le nombre des sous-préfets, publicains, rats de cave, gabelous et débitants de tabac, et qu'ils auraient ample et nouvelle curée, sans exposer ces courageux soutiens de l'ordre public au yatagan des Arabes ou à la fièvre jaune des Antilles? Nous livrons cette considération à l'ingé-

---

ceptibles d'une culture facile (cette supposition n'a rien d'exagéré, puisque sur ce nombre les landes de Gascogne fourniraient un contingent de 1,500,000 hectares), la culture de ces cinq millions d'hectares augmenterait les productions agricoles d'un dixième et sa population de plus de trois millions d'habitants.

Le conseil général du département de la Gironde (voir son compte-rendu de la session de 1839) a constaté que, dans l'arrondissement de Libourne, situé en grande partie dans la riche et fertile vallée de la Dordogne, la population n'avait augmenté, depuis 1801, que de 6 à 7 pour cent, tandis que la France entière a subi, depuis la même époque, une augmentation de 22, 64 pour cent; que dans l'arrondissement de La Réole, placé dans des conditions agricoles aussi favorables que celui de Libourne, la population avait même décru durant cette période; et qu'enfin cette augmentation avait été de 15, 80 pour cent dans l'arrondissement de Bazas, situé dans les sables et dans les landes; de 25, 50 pour cent dans celui de Lesparre, formant une grande partie des landes du Médoc; et de 27, 70 pour cent, dans le département des Landes, chiffre supérieur d'un cinquième à l'augmentation totale de la population de la France. Cette augmentation de population dans les arrondissements de Bazas et de Lesparre, ainsi que dans le département des Landes, est due exclusivement à l'élévation du prix des bois et à l'établissement de quelques usines métallurgiques qui, en élevant considérablement les produits, ont répandu l'aisance, multiplié les travaux et développé cet accroissement d'habitants. (Voir pour les causes de cette augmentation, ce que nous avons dit pages 14, 25, 28, 36 et 37 de cet écrit sur les localités les plus favorisées pour l'écoulement des produits et sur les semis opérés depuis quelques années.) La culture des pins exige pour les semis, le résinage, la distribution et le débit du bois, une grande quantité de bras, et développerait infailliblement une population proportionnée à celle de la France en général.

nieuse activité des solliciteurs de places; il ne serait pas impossible, qu'avec notre excellent système politique, où les payants ne sont rien, et où ceux qui reçoivent ont seuls, au contraire, voix en chapitre, ceux-ci n'obtinssent les défrichements des terres incultes que les contribuables sollicitent en vain depuis si longtemps.

Expression des sentiments et des vœux de trois départements qui attachent leur sort à l'exécution des travaux tracés par *M. Deschamps*, l'hommage que nous aimons à lui rendre ici n'est que le témoignage aussi gratuit que sincère des services dont une parfaite connaissance des lieux nous fait apprécier l'utilité et l'importance; car, tout en reconnaissant avec lui que l'agriculture générale ne peut se développer dans les landes qu'à la condition de l'établissement des canaux dont il a tracée les plans, nous pensons, cependant, qu'on peut immédiatement se livrer à une grande culture forestière, et que la culture forestière est la seule qui puisse réussir. Ainsi toutes les crêtes, tous les versants qui ne sont pas trop allongés, tels que ceux du Ciron, de la Leyre, de la Midouse, presque tout le sol des petites landes, enfin, peut être couvert de semis de pins. Il ne faut pour assécher complétement ces landes (et ce moyen ne nous semble même qu'un surcroît de précautions), il ne faut qu'ouvrir de mille mètres en mille mètres des rigoles d'écoulement courant dans le sens des pentes, et les relier par des fossés transversaux. Les frais d'établissement de ces issues, sur des terres si peu compactes, sont compris dans le chiffre de 50 francs porté pour prix de chaque hectare des landes. Les longues échasses dont les habitants se servent sur plusieurs points sont l'indication la plus positive des submersions hivernales. Ainsi on peut établir, avec certitude, que partout où l'on ne fait pas usage de ce véhicule pour la locomotion, le terrain n'est pas submergé. Or, dans les contrées que nous venons d'indiquer, on ne se sert pas de ces échasses dont on ne peut se dispenser dans les grandes landes (les grandes landes sont celles qui existent sur le versant de l'Océan; l'ancienne route de Bordeaux à Bayonne les traverse dans leur longueur). Nous croyons aussi qu'on a trop exagéré les inconvénients des eaux pour la culture du pin, et qu'elles ne sont point un obstacle à son développement aussi absolu qu'on le pense. On trouve fréquemment dans les landes les plus mouillées, telles que celles qui enceignent le bassin d'Arcachon dans les territoires d'Audenge, d'Illac et du Temple, des massifs de pins baignés tout l'hiver jusqu'au collet de la racine; et comme ces arbres ne diffèrent, ni pour la grosseur ni pour les productions en résine, de ceux qui croissent en des lieux secs, il est évident que les jeunes plants de ces forêts ont pu vaincre les difficultés périodiques des eaux qui tombent par torrents sur le littoral du golfe de Gascogne, durant les équinoxes.

On trouverait facilement sur les crêtes, les plateaux et les pentes déclives que nous venons d'indiquer, 200,000 hectares de landes qu'on pourrait mettre en culture de pins, avec toutes les conditions d'économie et de réussite précisées. Examinons maintenant, avec la même impartialité et autant d'attention, quelles sont les autres causes qui ont pu empêcher ou qui peuvent contrarier cette culture.

Parcours, vaine pâture.

D'abord, les procès à soutenir pour faire cesser ou plutôt pour régulariser un stérile droit de parcours, qui n'est qu'une usurpation contre la propriété;

Les incendies causés par la foudre ou la malveillance ;

Les obstacles que présente le tuf au développement des arbres, quand ses bancs sont à peu de profondeur;

Le manque de voies de communication ou d'usines à feu qui expose les produits ligneux à pourrir dans les forêts, faute de débouché ou de consommation ;

Enfin, l'insuccès de toutes les entreprises particulières tentées jusqu'à ce jour.

Les landes, avant la révolution de 1789, étaient la propriété exclusive de quelques grands seigneurs à qui les rois les avaient données, en les détachant du domaine. La maison de Bouillon en tenait une grande partie de l'Etat, par l'échange de la principauté de Sedan contre le duché d'Albret. Tout est obscur dans ces actes de transmission ou de mutation : point de délimitations exactes, point de bornage. Ces propriétés, tout à fait improductives, n'étaient qu'un joyau féodal qu'on ne prenait même pas la peine de faire soigner ; le *parcours*, soit tolérance ou incurie, subsistait donc sur presque toutes ces landes, sans règles ni conditions. Une grande partie de ces terres revinrent à l'État, par suite du séquestre contre les émigrés ; mais l'administration des domaines ne put en opérer la vente, car personne n'en aurait voulu alors, même à titre gratuit, pour n'avoir pas à en payer les contributions. Ces landes invendues furent remises, pendant la Restauration, aux anciens propriétaires. Les entreprises tentées dans ce pays depuis quelques années, les écrits qu'on a publiés et l'intérêt qui se porte sur ces contrées, ont donné à ces landes un prix que les propriétaires ont cherché à réaliser ; les communes ont résisté, en invoquant un droit de parcours ; de là des procès et des collisions qui, dans l'origine, étaient poussées jusqu'à l'irritation et la violence. Mais tous les propriétaires forestiers, sans exception, ayant vu depuis dix ans quintupler et même décupler le prix de leurs bois, ont fini par comprendre qu'il y aurait une plus grande somme de richesse pour les individus et pour le pays, si ces landes, ne produisant qu'un maigre aliment à de rares et chétifs troupeaux, étaient mises en culture de pins. Un administrateur d'un rare mérite, *M. le baron d'Haussez*, a puissamment contribué par sa persévérance et ses intelligents efforts à déraciner, non pas tout à fait du sol mais de la tête des habitants, les erreurs de calcul qui leur faisaient considérer l'inculture des landes comme un bien, et préférer les bruyères aux forêts. Les tribunaux, lorsque le droit était obscur ou douteux, ont prononcé d'après la raison, de sorte que la logique des faits d'un côté, et les enseignements de l'intérêt de l'autre, ont beaucoup atténué les avantages qu'on attribuait au *parcours* et l'intensité des collisions qu'il faisait naître. Cette modification dans l'esprit public a facilité des transactions sur plusieurs points, et elles sont en général devenues possibles sur tous les autres, si on sait y mettre des formes conciliatrices et se servir de l'influence des propriétaires, trop richement payés par leurs productions forestières pour ne pas les préférer aux insignifiants produits d'une vaine pâture. Il est bon d'ailleurs d'observer que cette culture n'est pas incompatible avec le *parcours :* les forêts de pins sont en défense parfaite contre les bêtes ovines dès l'âge de cinq à six ans ; l'innocuité du parcours, après cet âge, en facilite donc la tolérance. Et comme l'ensemencement de ces deux cent mille hectares ne pourrait s'effectuer qu'en dix ans au moins, on pourrait tolérer le parcours sur les landes non ensemencées, en attendant qu'il devînt possible dans les jeunes forêts. L'usage du parcours qui, par la force des choses, tend tous les jours à s'abolir en France, cessera même dans les landes avant peu d'années ; il serait donc imprudent de le consacrer comme un droit dans les transactions ; mieux vaudrait ne l'accorder que comme tolérance. Ainsi les préjugés et la routine du parcours, si intenses il y a encore quelques années, n'offrent plus un obstacle sérieux au défrichement des landes ; partout on peut espérer, avec le concours des hommes notables du pays, des transactions en argent qui n'élèveraient certainement pas le prix des terres au-dessus de nos chiffres, ou des partages en nature qui faciliteraient l'acquisition des lots à ce prix. Tout ceci nous semble démontrer la possibilité d'acquérir de vastes superficies, et de les mettre immédiatement en culture de pins.

Incendie des forêts.

L'incendie des forêts, causée par l'irritation que donnait la crainte de voir supprimer le parcours, ou par l'avide ignorance qui faisait sacrifier des forêts, alors de peu de valeur, à l'amélioration des pâturages que produisaient leurs cendres, l'incendie devient extrêmement rare ; aucun sinistre notable de ce genre n'est venu depuis six ans affliger cette contrée. La raison, l'intérêt, les frottements de la civilisation, et surtout la crainte du Code pénal, semblent avoir détruit pour toujours ces représailles barbares, ces calculs sauvages. Il n'y a donc, en réalité, que les sinistres naturels de la foudre, ou ceux causés par l'imprudence, qui présentent des dangers. La division des forêts en lots isolés entre eux par de grands espaces vides, est le meilleur moyen de circonscrire et d'amoindrir les ravages de l'incendie.

Sous sol, tuf.

Lorsque les bancs de tuf qui forment une partie du sous-sol des landes sont à peu de profondeur, ils forment un des principaux obstacles à la culture du pin ; car dès que les racines arrivent sur cette couche ocracée et impénétrable, la végétation s'arrête, les feuilles se dessèchent ou s'étiolent, le tronc se couvre de mousses et de lichens, et l'arbre périt en deux ou trois années. Mais comme les gisements de tuf près de la surface sont peu fréquents, comparativement à l'étendue des landes où leur profondeur ne présente aucun danger, ils ne doivent être comptés que comme cause accidentelle. Voici, au reste, les moyens, aussi simples qu'efficaces, pour surmonter les difficultés qu'ils présentent. Ou bien on opère le semis dans des rigoles de 32 centim. (1 pied) d'ouverture dans lesquelles on a défoncé la couche de tuf, ou bien on perce le tuf avec une barre de fer : dans l'une comme dans l'autre de ces opérations, les racines vont plonger dans la couche de sable au-dessous du banc, et l'arbre croît comme dans les sols les plus favorables. Ces opérations, celle surtout de percer la couche avec une barre, n'élèvent que faiblement la dépense des semis. La couche de tuf est d'une épaisseur moyenne de 40 à 60 centimètres (15 à 18 pouces) : ce tuf est exclusivement composé de sables agglutinés entre eux par des oxydes de fer ; mais ils ont si peu d'adhérence, que ce tuf s'effrite et tombe en poussière au seul contact de l'air, et se désagrége à la moindre pression qui tend à en séparer les molécules.

Manque de voies de communication.

Le manque de voies de communication dans les landes, voilà la cause de ruine, non-seulement de l'agriculture, mais de toutes les industries, par l'excessive cherté des transports. Quelques détails feront comprendre tout ce que ces contrées ont à souffrir de l'absence de routes, tout ce qu'elles gagneraient à leur établissement.

Il n'existe, dans les landes, de matériaux propres à la confection des grandes routes qu'à l'extrémité des versants sur l'Adour, la Midouse, la Geüse, l'Estampon, l'Avance, le Ciron et la Garonne, ce qui forme à peu près la moitié de leur périmètre; l'autre moitié et l'intérieur manquent absolument de matériaux, et conséquemment de moyens de transport. Voici quel est, par rapport aux routes, le sort si différent de ces contrées : les produits ligneux du pin font la fortune des propriétaires sur les versants au sud et à l'est, tels que la Chalosse, le Lot-et-Garonne, le Bazadois, les Graves et le Médoc, où l'on a pu établir quelques chemins praticables, tandis qu'ils sont presque sans valeur sur les versants au nord et à l'ouest, tels que les contrées du Maransin, du pays de Horn et plusieurs points de l'intérieur, n'ayant aucune voie de communication. Le peu de routes qu'on a établies longent plutôt les lisières qu'elles ne pénètrent dans l'intérieur; et cependant leur influence est telle, que des forêts qui peuvent verser leurs produits sur ces routes valent deux fois plus que celles qui en sont éloignées de trois lieues seulement; aussi partout où les produits ligneux peuvent être écoulés, les propriétaires s'empressent-ils de convertir leurs landes stériles en forêts. On peut considérer les semis récents comme une indication certaine de la cherté du bois dans ces contrées.

L'industrie manufacturière, avant-coureur si actif de la civilisation, est venue suppléer, sur plusieurs points de l'intérieur des landes, aux voies de transport, en facilitant la consommation sur place des bois qui, avant l'établissement de quelques hauts fourneaux et de deux ou trois verreries, se perdaient dans les forêts. Les bois à portée de ces usines sont devenus aussi chers et aussi rares que ceux qu'on amène, par la facilité des routes, dans les grands centres de consommation.

En choisissant donc, pour opérer les semis, des localités rapprochées des routes déjà existantes et des usines qui ont été établies, ou à proximité des chutes d'eau qui faciliteraient plus tard l'érection de nouveaux fourneaux, on n'aurait à craindre aucun encombrement des produits ligneux, bien que le pays soit peu ouvert et qu'il soit très-difficile d'y établir des chemins praticables.

Telles sont les causes qui jusqu'à ce jour ont dû arrêter l'essor de la culture forestière. Que faire dans un pays dont on croyait qu'il fallait disputer le sol à la chicane et à l'incurie ? Comment échapper aux incendies dont on s'exagérait le danger ? Où loger ces eaux que le sol refuse d'absorber et qui semblent attester, à quelques pieds de profondeur, l'existence d'un écueil sur lequel doivent périr tous les arbres qui viendront y aboutir ? Que faire enfin des produits, si on était assez heureux pour en obtenir, dans un pays n'ayant ni chemins, ni routes, ni canaux ? Ajoutons à ce programme, si peu encourageant, l'exemple des déceptions et des insuccès notoires des entreprises tentées par des hommes qui, non-seulement ne connaissaient ni le sol qu'ils avaient choisi, ni les travaux auxquels ils voulaient se livrer, mais qui n'avaient même pas une seule notion élémentaire ou pratique d'agriculture; alors on comprendra facilement l'indécision des uns devant des obstacles que la nature semblait susciter, et l'effroi des autres en voyant les résultats obtenus jusqu'à ce jour par les aventureuses compagnies qui avaient planté leur drapeau dans les landes.

Insuccès des compagnies qui ont voulu entreprendre une culture générale, et découragement causé par ces insuccès.

Disons toute la vérité sur les diverses entreprises dont ce pays a été le théâtre. L'avenir et le bonheur de toute une contrée de la France peuvent dépendre de cette révélation, qui ne sera ni du courage, ni de la colère. Après la part assez large faite à la mauvaise qualité du sol, aux obstacles, aux inconvénients, aux dangers, faisons celle des fautes commises, pour ne pas laisser attribuer à une stérilité absolue des résultats que ces fautes seules ont amenés.

On a vu, dans le commencement de cet écrit, par quelles illusions des esprits généreux avaient exagéré les ressources des landes. Séduits par l'imposante végétation de tous les arbres qui croissent sur ces terres, ils ont cru que quelques champs de seigle, de millet et de maïs, dont les propriétaires achètent les factices et précaires récoltes au prix de coûteux efforts, de sacrifices continus, n'étaient qu'une production libérale de la nature ; de là l'idée de répandre dans ce malheureux pays tous les trésors de l'agriculture; croyant même ne pas assez faire en le couvrant de moissons et de pâturages, ils ont voulu tout à la fois en faire un Éden et un Manchester.

Aussi ont-ils tellement exagéré ses ressources agricoles, tellement agrandi ses richesses minérales, qu'en les lisant on ne sait trop si le sol n'est pas réellement recouvert d'une couche épaisse d'humus ou de minerai de fer d'alluvion, et si on doit, comme ils le conseillent, couvrir le sol de céréales, de plantes fourragères et légumineuses, ou bien jeter la croûte de ce sol dans de hauts fourneaux !......

Peu analytiques par métier, peu difficiles sur les moyens par instinct, les *faiseurs* ne se sont arrêtés à aucune des contradictions qu'impliquaient ces récits; mais prenant ces bienveillantes erreurs à leur point de vue le plus élevé, ils les ont transformées en réalités, et sont venus promettre tous les dons de Cérès, tous les trésors d'Hermès et de Vulcain, aux élus qu'ils daignaient appeler en participation; nous disons *élus*, car n'était pas admis qui voulait; il leur fallait des dupes d'élite pour porte-drapeaux, c'est-à-dire, en style de bourse, pour colporteurs de prospectus et d'actions : manœuvre habile par laquelle ils venaient adroitement abriter leur responsabilité sous le patronage des noms les plus imposants. De telles précautions avaient été prises pour que ces prospectus qu'on faisait circuler dans tout Paris ne dépassassent pas les barrières, qu'ils ne sont que très-rarement parvenus sur les lieux qu'ils décrivaient avec un si grand luxe de style et d'imagination : les démentis et les sifflets avec lesquels ils ont été accueillis plus tard protestent contre toutes les exagérations et les impertinences qu'on débitait sur les landes.

Assez de victimes signalent, par leurs regrets et leurs soupirs, les récents ravages de la commandite dans ces contrées, pour nous dispenser d'en faire la nécrologie; nous nous bornerons donc à rappeler quelles étaient les compagnies qui les avaient devancées dans cette carrière de ruine et de mort. On verra, par cet exposé, que toutes les entreprises formées dans les landes, jusqu'à ce jour, ont échoué en voulant poursuivre la chimère d'une culture générale.

La compagnie Nézer forma, en 1770, une entreprise au capital de 1,500,000 francs : ce capital fut bientôt englouti en construc tions somptueuses. Une seconde somme de 500,000 fr., fournie quelques années plus tard par les associés, eut le même sort. Cette compagnie opérait sur 40,000 arpents de terre, qu'elle acheta au prix de 77,500 fr.; sur cette superficie 2,000 arpents seulement furent ensemencés en pins; ces pins furent estimés, en 1830, époque où la forêt fut abattue, 2,279,850 francs. Voilà tout ce que réalisa cette compagnie. On comprendra facilement que si, au lieu de tenter des cultures impossibles, cette société avait mis ces 40,000 arpents en forêts de pins, ces forêts auraient représenté en 1830, 45,597,000 francs, près de 600 fois le prix d'achat des terrains. Les bases d'évaluation de cette forêt sont un fait qui vient à l'appui de nos appréciations.

En 1775, des *faiseurs* de Paris, terre classique des prophètes et des croyants, achetèrent au duc de Duras 100,000 arpents de landes à 5 francs l'arpent, et essayèrent aussi de la culture; moins heureuse que la précédente compagnie, dont une forêt attestait l'existence, cette dernière société n'a laissé aucune trace : on ne sait plus même où trouver ces 100,000 arpents de landes, bien que les actes de vente les désignent comme situés dans quelques communes du canton de Castelnau de Médoc.

Si ces compagnies, achetant des terres, l'une à 5 francs et l'autre à 15 francs l'hectare, n'ont pu, malgré la modicité de ce prix, se sauver de la ruine, que penser de celles qui, de nos jours, font payer ces terres 200 francs l'arpent, aux actionnaires qu'ils ont conviés à leur banquet? On pourrait croire qu'à ce prix leur génie est venu féconder ce sol ingrat; que leur habileté en a modifié la nature et la composition; enfin, que leur économie sauvera les nouveaux venus des déprédations du passé; mais il n'en est rien : mêmes causes, mêmes effets. Ainsi on a vu une de ces compagnies aller chercher au loin un agriculteur de renom, et traiter avec lui, à forfait, du défrichement de quelques mille hectares de terre à un prix excessif, tandis que ce marché à peine fait l'entrepreneur sous-traitait immédiatement avec des gens du pays à trois cinquièmes meilleur marché ! et le nombreux état-major de cette compagnie, vivant au milieu d'une population de 5 à 6,000 âmes au plus, n'apprend qu'il existe autour de lui des cultivateurs capables d'exécuter ces travaux, qu'après que l'entrepreneur principal les a trouvés! Il est vrai que le nom ignoré de ces cultivateurs n'aurait pas produit d'effet dans un rapport!.. O fortunés déserts des landes, quelles opimes récoltes vous procurez aux travailleurs qui n'exploitent que les productions que la nature n'a pas soumises aux cas fortuits!!....

La plus audacieuse exagération de prix dans les apports des terres, le fallacieux appât d'un intérêt pris sur le capital, tandis que les opérations ne peuvent produire des revenus qu'au bout de quinze ans, tel est le vice organique de presque toutes les entreprises tentées dans les landes. Comment les gens du pays auraient-ils pu s'intéresser et aventurer leurs capitaux dans de telles entreprises, eux qui avaient sous leurs yeux tous les éléments d'appréciation de ces exagérations et de ces fautes? C'est ainsi qu'une propriété achetée au prix de 330,000 francs, à la condition du gain de quelques procès, fut mise deux ou trois mois plus tard en société pour 2,200,000 francs, et, chose assez plaisante, le premier vendeur plaidant devant un tribunal supérieur et ayant à se défendre contre la simulation dont on voulait entacher cette vente, à cause de l'exagération du prix de 330,000 francs, publiait, huit jours avant ce traité, dans des mémoires judiciaires, une statistique de cette propriété, et faisait tous ses efforts pour justifier qu'elle valait effectivement 330,000 francs, en même temps que les acheteurs offraient de la céder pour 430,000 francs. D'où l'on pourrait conclure que 430,000 francs, *écus sonnants*, avait autant de valeur pour eux que les 2,200,000 francs d'actions pour lesquelles ils l'échangèrent..... et c'est ce gâchis qu'on nomme industrie !!...

On comprend très-bien qu'une propriété rurale puisse, après les améliorations qu'on y a réalisées par des opérations continues et de grandes avances, doubler et tripler de valeur en quelques années; mais il n'est rien de tel qu'une société en commandite pour la revendre de la main à la main dix fois ce qu'elle coûte, et certainement dix fois ce qu'elle vaut (1).

Résumons ces objections :

La submersion des Landes, le manque absolu de voies de communication, les procès à soutenir, la mauvaise qualité du sol, l'absence des grands capitaux en province, et la nécessité surtout d'entreprendre le boisement sur une grande échelle, — voilà ce qui a empêché les habitants du pays de se livrer à de grandes entreprises sur les Landes, et de les mettre en culture.

Les extravagances, les mensonges, les cupides manœuvres des compagnies, voilà ce qui les a dégoûtés de s'intéresser dans les entreprises qu'elles ont tentées.

Tel est, sans exagération, le tableau du pays que nous avons cherché à faire connaître ; nous n'avons dissimulé aucune des

---

(1) Nous nous sommes abstenus, par bienséance seulement, de prononcer aucun nom dans la révélation des faits détestables que, dans l'immense intérêt du pays des Landes, nous avons cru devoir signaler. Si cette guerre aux mauvaises choses provoquait de mauvaises chicanes, les résultats que nous avons exprimés par des chiffres se manifesteraient par la honte, car il n'y a rien de plus brutal qu'une preuve ! Nous déclarons (et notre allure doit donner quelque confiance dans le désintéressement et la franchise de l'aveu) qu'aucun des faits que nous avons indiqués, aucune de nos critiques ne doivent, même par insinuation, être imputés à la compagnie générale d'exploitation et de colonisation des Landes. Le prix des apports représentant intégralement celui des achats, la publicité et la concurrence des marchés qu'elle a faits, la stricte exécution des devis qui en étaient la base, la probité, la bonne foi et la loyauté de tous ses actes, ne laissent aucune prise au soupçon, que repousse à l'avance, d'ailleurs, la composition de son haut personnel ; l'intempestivité, la prématurité des travaux, voilà ses erreurs : elle les réparera facilement avec le temps. Ses ressources sont immenses, car ses belles terres de Pontens, de Bestaven et de Castéja, ses forêts de pins (les plus belles des Landes), ses forges, les 15,000 hectares de terre, enfin, qu'elle possède, ont une valeur foncière qui représente et représentera toujours son capital social. La situation de cette compagnie vient fournir à notre système de puissants arguments et de précieux enseignements que nous livrons à la logique et à la prudence des capitalistes. Si cette compagnie, avec des forêts toutes formées, des forges établies, des champs en culture, avec des revenus considérables et tant d'éléments développés de production, n'a pu encore servir les intérêts des capitaux, comment des compagnies n'opérant que sur des Landes nues, et obligées de créer des champs, des forêts, et de bâtir, pourront-elles avoir des revenus immédiats pour subvenir au payement des intérêts ?

difficultés à surmonter pour le mettre en culture; nous n'avons non plus enflé aucune de ses ressources. Nous allons essayer, en terminant cette esquisse, de préciser avec la même exactitude, selon l'état actuel des choses, tout ce qu'on peut y tenter avec succès, tout ce dont on doit s'abstenir.

Indication des localités les plus convenables à la culture du pin.

Une grande partie des Landes, malgré la submersion causée par les eaux pluviales, peut être mise en culture de pins. Nous citerons, comme étant la plus favorable à cette culture, la région du département de Lot-et-Garonne, connue sous le nom de *duché d'Albret*. Coupé par plusieurs petites rivières, le terrain y présente, de toutes parts, des collines déclives sur lesquelles les eaux s'écoulent promptement; le sol y est moins ocracé que dans les grandes Landes et plus riche d'humus; ces Landes sont enfin plus rapprochées des centres de consommation et des rivières navigables. Cinq ou six grandes routes les traversant en divers sens, facilitent le transport des denrées à un port de rivière ou aux marchés, au prix de 75 centimes par cent kilogrammes, tandis que dans les autres localités les plus favorisées, les frais de transport sont deux fois plus élevés. Les routes ouvertes depuis quelques années dans cette partie des Landes permettraient d'étendre les semis, sans solution de continuité, jusqu'à Mont-de-Marsan, en suivant les collines de l'Avance, du Ciron, de la Gelize, du Rhimbes, de l'Estampon, de la Douse et de la Midouse, dont le sol, parfaitement asséché, est en tout semblable à celui du département de Lot-et-Garonne. On pourrait facilement acquérir 50,000 hectares sur cette ligne. Les frais de transport augmenteraient toujours, il est vrai, en raison de l'éloignement des marchés ou des rivières navigables, mais sans dépasser cependant le maximum d'un franc 50 centimes à 2 francs les 100 kilogrammes.

Il existe dans l'arrondissement de Bazas et sur la partie du département des Landes auquel il confine, de vastes superficies contiguës au département de Lot-et-Garonne, sur lesquelles on pourrait également mettre en culture de pins 50,000 hectares. Cette seconde ligne formerait un des côtés d'un angle très-ouvert dont les Landes de Nérac seraient le sommet; le sol est moins calcaire et plus ferrugineux que dans la première ligne, il est aussi moins asséché; mais ces différences sont sans résultat pour la croissance des pins. Cette ligne serait plus rapprochée que la précédente de Bordeaux, grand centre de consommation et grand marché des bois et des résines; l'absence de routes élèverait en moyenne pour toute cette ligne les frais de transport de 2 à 3 francs les 100 kilogrammes.

Du plateau de *Sabres* on pourrait, en se dirigeant vers La brède, former une troisième ligne de culture plus développée dans sa longueur et dans sa largeur que les précédentes, et présentant plus de 70,000 hectares. Cette ligne traverserait les Landes dans le sens de leur axe. Le terrain, moins accidenté que dans les arrondissements de Nérac et de Bazas, est aussi plus ferrugineux, plus humide; cependant les pins y croissent parfaitement. Les Landes du plateau de Sabres sont celles qui présentent le plus de fertilité naturelle; le trèfle triolet et plusieurs espèces de graminées y croissent spontanément et plus abondamment qu'ailleurs; en un mot, elles offrent le meilleur pacage. Le manque absolu de routes sur cette ligne élèverait les frais de transport à 4 francs les 100 kilogrammes, en moyenne; mais les usines métallurgiques, les verreries qui existent dans cette circonscription, et celles dont les forêts solliciteraient plus tard la formation, assureraient une consommation sur place des produits ligneux.

Derriere Bordeaux, dans les cantons de Pessac et d'Audenge, on trouverait, en choisissant avec intelligence les localités, 30 ou 40,000 hectares de Landes assez asséchées pour établir des semis de pins; c'est de ces points que commencent les grandes Landes; c'est là aussi qu'on rencontre les échasses, ce malencontreux indice de la submersion. Ces Landes ne sont traversées par aucune autre route que le chemin de fer de Bordeaux à la Teste; le sol y est ferrugineux, le tuf moins profond que dans les autres parties; enfin, c'est là aussi que les chicanes, les procès et les préjugés de la vaine pâture, ont le plus d'intensité.

La culture du pin peut être tentée sur tous ces points avec la plus complète certitude de succès, pourvu qu'on opère sur une assez grande échelle et avec la connaissance des lieux. Rien n'est plus ordinaire, surtout depuis quelques années, que de trouver des semis dont l'étendue varie d'un demi-arpent jusqu'à 1000 hectares; chaque propriétaire, en effet, dont les Landes sont contiguës aux vignobles ou à portée des marchés, les défriche et les sème de pins; ainsi la petite et la grande culture sont également praticables. Ces propriétaires choisissent les terrains les plus asséchés, les crêtes, les versants à pente roide, en un mot, tous les points qu'on peut cultiver sans travaux de desséchement : il n'en serait pas de même pour les semis des 200,000 hectares que nous indiquons; il faudrait nécessairement soumettre les eaux pluviales à un régime et posséder sans enclave, afin que les rigoles pussent être pratiquées, sans solution de continuité, depuis le sommet des versants jusqu'aux lits des ruisseaux. Les frais des rigoles et des fossés sur un terrain si peu compacte, si peu agglutiné, sont très-modiques comparativement aux résultats; aussi n'est-ce qu'après une étude consciencieuse et approfondie de tous les éléments de ces opérations que nous avons porté à 62 francs par hectare l'achat des terrains, les semis et les travaux d'assèchement. Des capitalistes qui voudront sérieusement, et pour leur compte, placer des fonds dans ces entreprises, ne dépasseront jamais ces résultats de dépense : il ne faut qu'une habileté très-vulgaire pour les achats, de l'économie dans les travaux, les qualités, enfin, qu'ont tous les propriétaires fonciers.

Nos calculs sur la quantité des produits des forêts ne sont que la constatation d'un fait qui ne comporte aucune exception. Nos chiffres sur la valeur de ces produits sont beaucoup plus bas que les prix effectifs des ventes, partout où le bois de pin est consommé par les usines locales ou transporté sur les marchés.

Les forêts de pins occupent la vingtième partie au plus du sol des Landes; on peut évaluer ces forêts, en y comprenant les semis des dunes appartenant au gouvernement, à 50,000 hectares. Des esprits logiques objecteront sans doute que si les produits de ces 50,000 hectares trouvent un placement certain et avantageux dans les besoins de la consommation de tout le département des Landes, de l'arrondissement de Nérac (Lot-et-Garonne), de celui de Bayonne (Basses-Pyrénées), et de ceux de Bazas, Bordeaux et Lesparre (Gironde), que ces forêts approvisionnent presque exclusivement, il serait à craindre que le boisement de toutes les Landes, en rendant la production vingt fois plus considérable, n'amenât un encombrement de produits faute d'écoulement ou de consommation. Ce résultat, qu'il est sage de prévoir, est cependant peu à craindre; en voici la raison.

Sans l'application du système d'assainissement général proposé par *M. Deschamps*, on ne peut tenter, dans les Landes, que des cultures partielles.

Ces cultures ne peuvent se développer que sur 200,000 hectares.

La prudence prescrit de ne faire les plantations que par lots de 100 ou 1,000 hectares, isolés entre eux par de grands espaces vides: ces espaces sont nécessaires tant pour la circulation de l'air que pour amoindrir les sinistres possibles d'incendie, car cet isolement entre les plantations est le seul moyen d'arrêter les ravages du feu dans un pays manquant de population. La superficie consacrée à ces espaces, sur lesquels on pourrait tenter d'autres cultures, serait au moins d'un dixième; ainsi on n'obtiendrait que 180,000 hectares en forêts, ce qui quintuplerait seulement à peu près la production actuelle.

On a déjà expliqué que l'élévation du prix des bois, depuis quinze à vingt ans, était due à l'établissement des hauts fourneaux, au nombre de huit ou dix seulement dans toutes les Landes. Ces usines, à l'exception de celles d'Uzac et de Pontens, qui ont de vastes et belles forêts inféodées à la propriété, ont tellement déboisé leur rayon d'approvisionnement, que quelques-unes sont en chômage, et que toutes ont restreint leur fabrication.

Ainsi, c'est le combustible qui manque aux usines; mais que la production s'augmente, de nouvelles usines s'élèveront en même temps que les forêts, et celles qui existent prendront plus d'activité : ainsi la consommation se trouvera assurée. Considérées sous le seul point de vue du combustible qu'elles peuvent fournir, les Landes doivent être un jour, pour le midi de la France, des houillères sur le sol; dans notre état social, le combustible ligneux ne peut être un produit stérile, un aliment inerte.

Le pin maritime venu sur ces sables fournit non-seulement du bois de chauffage, mais encore des poutres, des solives et des planches, qu'on exporte sur les côtes de la Bretagne, et qu'on emploie presque exclusivement pour les usages de la charpente et de la menuiserie, dans les départements des Landes, du Gers et de Lot-et-Garonne, ainsi que dans une partie des départements des Basses-Pyrénées, de Tarn-et-Garonne, du Lot, de la Gironde, de la Dordogne et de la Charente-Inférieure. Le bois du pin des Landes, plus dense, d'un grain plus fin et d'une qualité supérieure aux pins de toutes les autres contrées, s'écoulera toujours, surtout aux prix auxquels nous l'avons évalué. Enfin, les produits résineux, d'un usage si général en France, assureraient seuls un revenu que, toutes choses égales, on ne peut espérer des cultures les plus précieuses, puisque, pour un premier capital de 62 fr., qui serait amorti avec ses intérêts, et les frais de gestion, avant la trentième année, on aurait, durant vingt-neuf ans consécutifs et jusqu'à l'épuisement des arbres, un revenu annuel de 1777 fr. par hectares. (Voyez le *tableau* final de cet opuscule.) Comme les forêts se ressèment d'elles-mêmes, parce que les cônes d'un arbre abattu déposent sur le sol des milliers de graines, elles se perpétuent sans frais et sans travail artificiel. Ainsi, la première dépense sera circonscrite dans les limites que nous tracerons, car il ne faut que laisser croître ces arbres discrets qui ne demandent à l'homme ni labours, ni engrais, ni élagages, et n'empruntent qu'à la nature les principes de leur développement.

Programme forestière sur une grande échelle.

Après ces détails matériels, dont l'aridité ne peut être compensée que par l'intérêt de connaître la vérité, nous allons exposer quelques vues sur le mode le plus convenable de régir et d'emménager de grandes forêts, et sur l'économie financière d'une société qui se livrerait à cette exploitation; *l'économie* dans les dépenses est notre point de départ.

Ne détournons pas les académiciens, les érudits, de la solution des grands problèmes scientifiques, pour les faire concourir au boisement des Landes: un peu de géométrie, tout juste assez pour étudier les pentes, indiquées au reste par les rigoles que les eaux pluviales ont creusées, voilà tout ce qu'il faut de mathématiques pour les assécher. Aucune expérience physique, aucune analyse chimique de ces sables, n'indiqueraient la possibilité d'y faire croitre des pins avec autant de facilité et de précision que l'œil d'un habitant du pays, qui verra tout de suite, à l'aspect du sol, si le terrain est trop exposé aux submersions, ou s'il y a du tuf dessous, seules causes naturelles qui puissent influer sur le sort des forêts: or, cet habitant se chargera de la conduite des semis et de la direction des travaux relatifs au creusement des rigoles et fossés, moyennant un salaire annuel de 2,000 francs par an. Il les dirigera avec autant d'intelligence et de succès qu'un savant qui, pour donner son titre scientifique *à cheptel* (car nous ne savons quel autre nom donner au bail qui en a été fait dans quelques opérations agricoles de cette nature), prélèverait au moins 10,000 francs par an.

Point de luxe d'état-major. Une comptabilité réduite aux proportions des livres de compte d'un propriétaire; un commis pour tenir les écritures; quelques gardes, dont la surveillance serait d'autant plus simplifiée que, dès la sixième année, les semis de pins se défendent contre le pacage, qu'il y a trop peu de population pour aller gaspiller dans les forêts, où les branches inférieures qui se détachent du tronc, les cônes, les débris et le bois mort qu'on n'a qu'à ramasser, dispensent de recourir à la cognée au bruit délateur: ainsi la surveillance, plus extérieure qu'intérieure, s'exercerait sur les grands espaces vides, car les gardes n'auraient, en réalité, que des incendies à prévenir ou à arrêter, puisque jamais ils n'auraient à réprimer un délit forestier; enfin, un seul régisseur administrant l'entreprise jusqu'à l'époque de la production : voilà tout le personnel exigé pendant les trente premières années.

Dès la quinzième année, le choix des arbres à abattre pour les *éclaircies*, et les marchés à faire pour la vente de ces bois, exigeraient un peu plus de soins et de détails; mais nous estimons que le même personnel pourrait y vaquer jusqu'à la trentième année, époque à laquelle commencerait la production des résines. Cette exploitation exige de la vigilance: la taille ou incision des arbres et l'enlèvement du *brai* (résine vierge) se font moyennant une participation en nature dans les produits. La quotité pour les travailleurs a été autrefois des deux tiers; elle n'est, depuis l'élévation du prix des résines, que de moitié. Ce colonage imprudent tente la cupidité des *résineurs* qui, pour forcer la production, taillent l'arbre sans ménagement, au risque de le tarir: il faut donc les placer sous le contrôle d'hommes ayant la pratique de ces opérations et connaissant la proportion qui doit exister entre l'incision des arbres, leur âge et leur force. Ces hommes seraient tous trouvés dans ce personnel pris parmi les habitants, car chacun y connaît l'opération du *résinage*, comme les vignerons connaissent la taille de la vigne dans les pays de vignobles. Les écritures deviendraient alors plus compliquées, elles exigeraient un teneur de livres et un caissier; il faudrait aussi augmenter le nombre des surveillants; mais la dépense pour cette légère augmentation de préposés serait alors imperceptible comparativement aux revenus.

Quelques petites maisons pour les gardes et le régisseur, coûtant en moyenne de 1,500 francs à 2,000 francs, voilà toutes les dépenses de matériel et de constructions; car les résines restent dans les bois jusqu'à la livraison qu'on en fait au commerce.

Le semis des Landes ne peut, ainsi que nous l'avons dit, s'effectuer que sur une grande échelle : il faut posséder toute une colline ou la section longitudinale d'un versant, afin de pouvoir opérer sans contestation les travaux nécessaires à l'écoulement des eaux; peu d'hommes en position de se livrer isolément à une telle entreprise voudraient l'entreprendre, ils s'exagéreraient les ennuis et les embarras personnels de la surveillance; qui voudrait d'ailleurs, à une époque où l'on rapporte tout à soi, et au présent, traiter à crédit avec les générations? De telles opérations ne conviennent qu'à une association de pères de famille, de spéculateurs probes, consacrant un peu de leur superflu à la création d'un riche héritage: c'est pour eux que nous avons écrit cette notice. Notre but est de donner des notions sur les Landes, dont l'exactitude soit prouvée par les faits et garantie par le témoignage de toute une province, afin que chacun puisse consulter ces faits, invoquer ce témoignage et prendre une bonne position de défense contre l'agression ou la séduction des prospectus passés, présents et à venir. Pour être mieux compris par l'intelligence et la probité, nous avons pris pour base fondamentale des grandes entreprises dont les Landes seront tôt ou tard l'objet, l'*économie* et la *simplicité*, sans lesquelles aucun succès n'est possible en agriculture. Nous ne prétendons pas, en nous adressant aux intérêts considérés collectivement, exclure les volontés individuelles, infirmer leur valeur ni prétendre qu'un seul ne pourrait faire ce que plusieurs feraient; mais, dans ce cas, celui qui voudrait se livrer seul à ces entreprises n'aurait besoin ni de notre opinion ni des auteurs qui ont écrit sur ce sujet; puisant, comme nous l'avons fait, ces éléments à leur source, il se rendrait sur les lieux, étudierait le terrain, examinerait les productions, nivellerait les pentes et n'emprunterait des convictions qu'à son intelligence.

Pour rendre plus sensibles ces faits et les résultats que nous avons indiqués, formulons la supposition d'une société voulant opérer sur 25,000 hectares.

25,000 hectares de Landes, à 50 francs l'hectare (y compris les frais de creusement des rigoles et fossés), reviendront à la somme de.... 1,250,000 fr.

Report..........		1,250,000 fr.
Construction de cinq maisonnettes pour loger cinq gardes à cheval (nombre suffisant jusqu'à la production des forêts) à 1,500 fr. chacune	7,500 fr.	
Maison pour l'administration, le régisseur et les bureaux.....	10,000	25,000
Mobilier, frais divers d'établissement......................	7,500	
Les SEMIS ne seront opérés que sur les neuf dixièmes de la contenance, parce qu'un dixième restera en espaces vides pour isoler les massifs et interrompre la communication du feu en cas d'incendie. Il n'y aura donc que 22,500 hectares à semer, à 12 fr. l'un. Mais ces semis ne pourront guère être exécutés qu'en cinq années, à raison de 4500 hectares par an, au moyen d'une dépense de 54,000 fr., ce qui formera pour le semis *total* un déboursé de.................		270,000
Total.........		1,545,000 fr.

Voici d'autres dépenses annuelles qui pourront rester à peu près fixes durant les trente premières années de l'entreprise :

Contributions (supposées)......	1,000 fr.
Salaire de cinq gardes à cheval,	5,000
Appointem. d'un commis aux écrit.	1,200
Traitement d'un régisseur......	2,000
Honoraires d'un administrateur...	5,000
Frais de bureau, etc...........	1,800

Ce déboursé annuel de... .. 16,000 fr. sera répété vingt fois, jusqu'à la vingtième année de la croissance de la forêt, qui sera la première année de PRODUIT.

Calculons donc, pour les capitaliser, les intérêts composés :

1° Du déboursé primitif d'achat et de constructions.................................. 1,275,000 fr.

2° Des frais de semis pendant cinq années, à raison de................................ 54,000

3° Des dépenses administratives annuelles.. 16,000

Jusqu'à la vingtième année, où nous supposons que se fera la première *éclaircie* productive des forêts (bien que cette première éclaircie doive s'effectuer à la quinzième année). Pour laisser plus de clarté à nos calculs, nous n'en élaguerons aucun détail.

Le déboursé primitif d'achat et de bâtisses, qui sera de 1,275,000 fr., s'élèvera par l'intérêt composé, au bout de vingt ans, à la somme de.................................... 3,383,052 fr.

La dépense pour le premier semis de 4500 hectares sera, comme nous l'avons dit, de 54,000 fr., laquelle somme ne portant point d'intérêts pendant vingt ans (jusqu'à l'époque du produit de la première *éclaircie*), équivaudra alors à une somme de...................... 143,277 fr.

Appliquant le même raisonnement à la même dépense pour le semis de la deuxième année, dont l'intérêt composé doit être calculé pour dix-neuf ans, nous écrirons la somme de..... 136,454

La dépense du semis de la troisieme année sera devenue, au bout de dix-huit ans, égale à............. 129,956

A reporter.... 409,687 fr. 3,383,052 fr.

Reports...........	409,687 fr.	3,383,052 fr.
La dépense du semis de la quatrième année s'élèvera (par l'intérêt des intérêts), au bout de dix-sept ans, à......................	123,768	
Enfin, la dépense du cinquième et dernier semis (toujours de 54,000 fr.) produira par l'intérêt composé, à la fin des seize années (*improductives de revenus*) jusqu'à la première *éclaircie* de la forêt, la somme de..	117,874	
Montant, au bout de vingt ans, des dépenses faites pour le semis en cinq années, et calculées à intérêts composés à 5 pour cent.........		651,329
Nous avons porté les frais d'administration à 16,000 fr. par an. Ce déboursé pour la première année de l'entreprise équivaudra (à intérêts composés), au bout de vingt ans, à une somme de................	42,152	
La même dépense, pour la 2e année, d'après le même calcul, égalera au bout de dix-neuf ans un déboursé de........................	41,431	
En continuant cette série décroissante, nous écrirons pour résultat de cette dépense faite pendant la troisième année (durée de 18 ans).	38,506	
Et puis pour les sommes afférentes :		
A la 4e année d'administration, pour 17 ans..................	36,582	
A la 5e année, pour 16 ans....	34,925	
A la 6e année, pour 15 ans....	33,263	
A reporter..........	227,159 fr.	4,034,381 fr.

Reports........	227,159 fr.	4,034,381 fr.
A la 7e année, pour 14 ans....	31,679	
A la 8e année, pour 13 ans....	30,170	
A la 9e année, pour 12 ans....	28,733	
A la 10e année, pour 11 ans....	27,365	
A la 11e année, pour 10 ans....	26,061	
A la 12e année, pour 9 ans....	24,821	
A la 13e année, pour 8 ans....	3,639	
A la 14e année, pour 7 ans....	22,514	
A la 15e année, pour 6 ans....	21,441	
A la 16e année, pour 5 ans....	20,420	
A la 17e année, pour 4 ans....	19,448	
A la 18e année, pour 3 ans....	18,522	
A la 19e année, pour 2 ans....	17,640	
A la 20e année, pour 1 an.....	16,800	
Montant, au bout de vingt ans, des frais annuels d'administration accrus par l'intérêt composé au taux de 5 pour cent..........		556,412

Nous trouvons pour TOTAL *des sommes versées et de leurs intérêts composés*, à la fin de la vingtième année de l'entreprise forestière.............................. 4,590,793

Mais de la première *éclaircie*, qui aura lieu à la vingtième année, suivant les données établies (sur 22,500 hectares, à 500 arbres à couper par hectare), on aura 11,250,000 arbres, lesquels, au prix de 15 centimes chacun, produiront une somme de........... 1,687,500 fr.

qui sera une rentrée à déduire. Il *restera dû sur le capital*......................... 2,903,293

Ce capital de 2,903,293 francs, grossi par les intérêts composés pendant cinq ans, jusqu'à la vingt-cinquième année, époque de la deuxième *éclaircie*, deviendra la somme de.................... 3,705,314 fr.

A cette somme, il faut ajouter pour les frais d'administration pendant cinq ans, à intérêts composés, selon nos calculs déjà présentés en détail.......... 92,830

TOTAL *des sommes versées*, et de leurs *intérêts composés*, à la fin de la vingt-cinquième année.............. ——— 3,798,144

La 2e *éclaircie* produira 11,250,000 arbres, à 25 centimes....................... 2,812,500

Restera dû sur le capital.................. 985,644 fr.

Ce capital de 985,644 francs, grossi par les intérêts composés pendant cinq ans, jusqu'à la trentième année, époque de la troisième *éclaircie*, deviendra la somme de........................ 1,257,959

Frais d'administration pendant cinq ans, à intérêts composés, selon nos calculs précédents..................... 92,830

TOTAL *des sommes versées et de leurs intérêts composés*, à la fin de la trentième année, ou *dernier découvert*.. ——— 1,350,789 fr.

La 3e *éclaircie* produira 11,250,000 arbres, dont la valeur, à 60 centimes chacun, sera de........................ 6,750,000

A reporter............. 5,399,211 fr.

Ainsi l'AMORTISSEMENT *du capital et des intérêts composés* a lieu après la trentième année de l'opération, et il restera à répartir en dividendes aux actionnaires *un bénéfice de* 5,399,211 fr.

A la trente-cinquième année, la quatrième *éclaircie*, au prix d'un franc chaque arbre, produira.. 11,250,000

Le *résinage* (ou la production de la résine par incision) des pins destinés à être coupés dans la quatrième *éclaircie* qui vient d'être mise en compte, aura commencé sur ces 11,250,000 arbres à leur trentième année de croissance. Ce sera un produit de 4 centimes par arbre, soit par an........................... 450,000

Mais les dépenses d'administration de l'entreprise forestière (ainsi que nous l'avons expliqué, page 40) devant s'augmenter et pouvant s'élever à l'époque de la production des résines à une somme annuelle de 50,000 fr., nous devons déduire du produit du *résinage* cette somme de. 50,000

Restera NET sur le produit annuel du résinage......................... 400,000 fr.

Ce *revenu net* pendant les cinq années — de la trente-unième à la trente-cinquième inclusivement, — s'élèvera à... ——— 2,000,000

Après la trente-cinquième année révolue, et les quatre coupes d'*éclaircies* opérées, il ne restera plus dans la forêt que 11,250,000 arbres, dont le *résinage*, à raison d'un produit de 10 centimes par arbre, vaudra annuellement..........1,125,000

Mais dans cette période les frais d'administration seront par an (selon le calcul

A reporter..........1,125,000 18,649.211 fr.

Reports...... 1,125,000 fr. 18,649,211 fr.

que nous avons appliqué dès la trentième année) de 50,000 fr. que nous déduisons ci...... 50,000

Il ne restera donc pour produit par an, que............. 1,075,000 fr.

soit pour vingt-cinq ans (jusqu'à l'abattis général) 26,875,000

PRODUIT FINAL DE LA FORÊT abattue *à blanc-étoc* (ou en totalité) quand les arbres auront l'âge de cinquante à soixante ans et qu'ils vaudront 5 francs la pièce........ 56,250,000

Dans cette opération de culture forestière de la durée de soixante ans, *on aura touché* EN DIVIDENDES *une somme totale de plus de* CENT MILLIONS, ci................. 101,774,211 fr.

Mais n'oublions pas que *l'amortissement* du prix d'achat des 25,000 hectares de Landes, base de nos calculs, ayant été opéré, nous devons porter à l'actif de la société la valeur du sol qui lui restera après l'exploitation complète de la forêt : sol qui se trouvera naturellement ressemé en pins, (comme nous l'avons expliqué à la page 38), et conséquemment accru de la valeur de ces semis. Nous écrivons donc ici sa valeur primitive et celle des semis pour une somme de 1,450,000

Valeur des maisons de la gérance et autres bâtisses............................ 25,000

Le résultat de l'Entreprise *normale* sera donc de............................ 103,319,211 fr.

en *dividendes* et *valeur de l'actif social*, après avoir amorti les premiers capitaux déboursés, et avoir soldé, pendant soixante ans, toutes les dépenses administratives.

Qu'on ne se le dissimule pas : ces résultats spéculatifs, inférieurs cependant à ceux qu'obtiennent (proportionnellement) les propriétaires des forêts de pins dans les Landes, ces résultats pourraient être compromis sans l'application du système de stricte économie que nous avons formulé. L'économie seule garantit le succès de l'entreprise ; car, si des *exploiteurs* viennent y mettre la main, ils voudront que l'*apport* de ces terres leur soit payé par la société qu'ils fonderont, 400 ou 500 francs l'hectare, et pour ne pas infirmer cette valeur exagérée, ils établiront une culture à grands frais, se jetteront dans le luxe administratif, afin que tout soit à l'avenant et puisse faire triomphalement son entrée à la Bourse. Voici alors ce qui arriverait : ou bien les associés sérieux auxquels on s'adresserait reculeraient devant la proposition d'acquérir le sol au prix de 500 à 600 francs l'hectare (*plus* les frais de mise en culture et la privation de revenu durant vingt ans), parce qu'on trouve, dans toutes les régions de la France, des terres à acheter à ce prix, *qui donnent des revenus immédiats*, et ainsi, par l'effet de cette comparaison, les Landes seraient délaissées ; ou bien, on parviendrait, en pêchant le menu fretin échappé aux mailles serrées de la commandite, à réunir des actionnaires. Voici, dans cette dernière hypothèse, les résultats *négatifs*, *inévitables*, qu'il est nécessaire que nous mettions en parallèle avec les résultats *démontrés*, *progressifs*, dont nous avons présenté le détail assez circonstancié.

Vente à la Société de 25,000 hectares de Landes à 400 fr. l'hectare (1).............	10,000,000 fr.
Mise en culture (par défrichement) à 100 francs l'hectare.....................	2,500,000
A reporter.............	12,500,000 fr.

(1) La Compagnie agricole et industrielle d'*Arcachon* est formée au capital de *huit millions* de francs pour 12,000 hectares de Landes, ce qui en fait ressortir le prix à 666 francs 66 centimes l'hectare.

La Compagnie générale de *boisement* est formée au capital de *quarante millions* de francs pour 100,000 hectares de Landes.

La Société *Boulvard* et *Perrineau* est formée au capital de *seize millions* pour le boisement de 50,000 hectares de terres : soit à 320 francs l'hectare.

Report............	12,500,000 fr.
On voudra construire, pour le *comfort* de MM. les gérants et autres personnages considérables de l'état-major agricole, une maison palatiale avec ses dépendances, etc.; évaluation modérée........................	60,000
On demandera dix gardes à cheval, et conséquemment dix maisons pour les loger; à 4,000 francs chacune, ce sera...........	40,000
Total de la première mise en dehors...	12,600,000 fr.

Ainsi cette spéculation de culture forestière, qu'on peut entreprendre (*comme nous l'avons prouvé*) avec un premier capital de 1,545,000 fr., exigerait, dans le système dont nous commençons l'esquisse, un premier déboursé de 12,600,000 fr. La disparité, comme on le voit, est déjà bien grande entre les données fondamentales des deux systèmes d'opération.

Mais ce premier déboursé ne suffit pas pour la mise en train de l'entreprise, il faut y ajouter les dépenses administratives.

MM. les gérants, élèves de telle école, membres de telle académie, professeurs de tels ou tels cours, voudront (conformément aux *us et coutumes* de la commandite) se faire chèrement payer les titres scientifiques qu'ils donneront *à cheptel* à cette société, les chiffres redondants de leurs poétiques rapports sur les pins, les sables et les bruyères, ainsi que leurs voyages en poste, etc.; soit, pour cinq gérants, à 10,000 fr. l'un, au moins (y compris les frais précités)......................	50,000 fr.
Les caissiers, les teneurs de livres, inspecteurs, ingénieurs, figureront bien dans ce budget pour au moins..................	20,000 fr.
Le salaire des gardes sera de...........	10,000
A reporter............	80,000 fr.

Report............	80,000 fr.
L'entretien des travaux................	20,000
Les contributions....................	1,000
Ainsi les dépenses annuelles pourront s'élever à............................	100,000 fr.

Mais si des hommes sages, des propriétaires se décidaient à faire une mise de fonds de 62 francs par hectare dans une entreprise agricole, à y ajouter annuellement une dépense modérée pour subvenir à l'administration, et enfin à attendre pendant vingt ans les productions naturelles qui viendront amortir tous ces déboursés effectifs ainsi que leurs intérêts composés, pense-t-on que des rentiers, des capitalistes, se décidassent à hasarder des capitaux six à sept fois plus considérables et à les immobiliser, à si long terme, au travers des incertitudes d'un nébuleux avenir, dans cette même entreprise? alors surtout que l'accroissement du capital de fondation et l'augmentation des dépenses n'augmenteraient ni l'étendue des terrains, ni les probabilités du succès, ni les produits effectifs, et n'auraient pour résultat final que d'absorber des capitaux de première mise et la majeure partie des produits de l'opération en élevant la somme des intérêts à servir !

Nous ne voulons pas profiter de l'avantage que nous donnerait dans le calcul l'hypothèse des dépenses exagérées pour la gestion, dont la probabilité s'appuie cependant sur les expériences du passé, mais nous devons conserver ici (comme déduits de la notoriété) nos premiers chiffres déjà posés :

Vente à la société de 25,000 hectares de Landes à 400 fr. l'hectare.................	10,000,000 fr.
Frais de mise en culture (par défrichement), à 100 francs l'hectare (*plus les bâtisses*) ...	2,600,000
Total de la première mise en dehors.....	12,600,000 fr.

Nous ne porterons donc (par tolérance) les frais annuels d'administration qu'au taux de 16,000 francs, comme dans notre hypothèse.

Afin de nous rendre compte de l'amortissement, calculons les intérêts composés :

1° Du déboursé primitif d'achat des Landes, de mise en culture et de constructions de bâtiments................. 12,600,000 fr.

2° Des dépenses administratives, de................. 16,000

seulement, d'abord jusqu'à la vingtième année que se fera la première *éclaircie* productive de la forêt. Après la trentième année, les frais de gestion seront portés à 50,000 fr., selon les raisons que nous avons exposées page 40.

Le capital de 12,600,000 fr., au bout des vingt premières années (qui seront sans revenu) deviendra, par le calcul de l'intérêt composé, un déboursé de................. 33,431,551 fr.

Montant, au bout de vingt ans, des frais annuels d'administration (16,000 fr.) accrus par l'intérêt composé au taux de 5 pour cent.. 546,412

La société aura donc à amortir, à la fin de la vingtième année (époque du premier produit forestier), pour capitaux engagés et intérêts composés (puisqu'ils n'auront pas été servis), une somme totale de.................... 33,987,963 fr.

Mais la première éclaircie des forêts, à la

Report............ 33,987,963 fr.

fin de la vingtième année, produira (comme nous l'avons vu page 45), à déduire .... 1,687,500 fr.

Il restera en avances...... 32,300,463 fr.

Ce capital de 32,300,463 fr., grossi par les intérêts composés pendant cinq ans, jusqu'à la vingt-cinquième année, époque de la deuxième éclaircie, deviendra la somme de......... 41,224,486 fr.

A cette somme il faut ajouter, pour les frais d'administration pendant cinq ans à intérêts composés (selon nos calculs déjà présentés en détail page 45).. 92,830

Total *des sommes versées et de leurs intérêts composés* à la fin de la vingt-cinquième année. ———— 41,317,316 fr.

La deuxième éclaircie produira 11,250,000 arbres, qu'on vendra 25 cent. la pièce, ce qui fera une recette de...................... 2,812,500

Restera dû sur le capital.......... 38,504,816 fr.

Ce capital de 38,504,816 fr., grossi par les intérêts composés pendant cinq ans, jusqu'à la trentième année, époque de la troisième éclaircie productive, deviendra la somme de...... 49,142,987 fr.

Frais d'administration pendant cinq ans à intérêts com-

Report........	49,142,987 fr.	
posés), selon nos calculs précédents....................	92,830	
TOTAL *des sommes versées et de leurs intérêts composés* à la fin de la trentième année....		49,235,817 fr.
La troisième éclaircie (à la trentième année) produira 11,250,000 arbres, dont la valeur, à 60 cent. chacun, sera de................		6,750,000 fr.
Restera dû sur le capital........		42,485,817 fr.
Ce capital de 42,485,817 fr., grossi par les intérêts d'un an, au bout de la trente et unième année, deviendra la somme de............		44,610,107 fr.
De laquelle il faut déduire le *produit net* du résinage de la forêt de pins (comme nous l'avons expliqué page 47), ci.............		400,000
Il restera en avance, à la fin de la 31e année.		44,210,107 fr.
Ajoutant à cette somme son intérêt pour la trente-deuxième année, on a.............		46,420,612 fr.
Déduisant le *produit net* annuel de la *résine*..............................		400,000
Il restera en avances, à la fin de la 32e année.		46,020,612 fr.
En continuant ainsi notre calcul annuel, nous trouvons qu'à la fin de la trente-cinquième année, le capital des avances sera de.		52,413,610 fr.

TABLEAU COMPARATIF

Des Résultats de deux hypothèses de culture forestière dans les Landes de Gascogne.

ANNÉES de l'entreprise forestière.	RECETTES DIVERSES.			HYPOTHÈSE NORMALE.						HYPOTHÈSE IRRATIONNELLE.					
				CAPITAL.			DIVIDENDE.			CAPITAL			DIVIDENDE.		
	RECETTE sommaire des coupes d'arbres.	REVENU annuel de la Résine.	PRODUIT FINAL de l'abatis de la forêt.	déboursé ou *Actif social.* (sol ressemé).	grossi par les dépenses et les intérêts composés.	restant à amortir.	TAUX pour cent francs.	TOTAL.	BÉNÉFICE *net* APRÈS L'AMORTISSEMENT.	déboursé ou *Actif social* (sol ressemé).	grossi par les dépenses et les intérêts composés.	restant à amortir.	TAUX pour cent francs.	TOTAL.	DÉFICIT D'AMORTISSEMENT ou *Perte.*
	fr.	fr.	fr.	fr.	fr.	fr.	fr. c.	fr.	fr.	fr.	fr.	fr.	fr. c.	fr.	fr.
1re	»	»	»	»	»	»	»	»	»	12,600,000	»	»	»	»	»
20e	1,687,500	»	»	1,545,090	4,590,793	2,903,293	36,75	1,687,500	»	»	33,987,963	32,300,463	4,90	1,687,500	»
25e	2,812,500	»	»	»	3,798,144	985,644	74,05	2,812,500	»	»	41,317,316	38,504,816	6,08	2,812,500	»
30e	6,750,000	»	»	»	1,350,789	»	»	6,750,000	5,399,211	»	49,135,817	42,485,817	13,70	6,750,000	»
31e	»	400,000	»	»	»	»	»	400,000	400,000	»	44,610,107	44,210,107	0,89	400,000	»
32e	»	400,000	»	»	»	»	»	400,000	400,000	»	46,420,612	46,020,612	0,86	400,000	»
33e	»	400,000	»	»	»	»	»	400,000	400,000	»	48,320,642	47,921,642	0,82	400,000	»
34e	»	400,000	»	»	»	»	»	400,000	400,000	»	50,317,724	49,917,724	0,79	400,000	»
35e	11,250,000	400,000	»	»	»	»	»	11,650,000	11,650,000	»	52,413,610	40,763,610	20,31	11,650,000	»
36e	»	1,075,000	»	»	»	»	»	1,075,000	1,075,000	»	42,771,790	41,696,790	2,51	1,075,000	»
37e	»	1,075,000	»	»	»	»	»	1,075,000	1,075,000	»	43,781,629	42,706,629	2,45	1,075,000	»
38e	»	1,075,000	»	»	»	»	»	1,075,000	1,075,000	»	44,841,960	43,766,960	2,39	1,075,000	»
39e	»	1,075,000	»	»	»	»	»	1,075,000	1,075,000	»	45,955,208	44,880,208	2,33	1,075,000	»
40e	»	1,075,000	»	»	»	»	»	1,075,000	1,075,000	»	47,124,218	46,049,218	2,27	1,075,000	»
41e	»	1,075,000	»	»	»	»	»	1,075,000	1,073,000	»	48,351,678	47,276,678	2,22	1,075,000	»
42e	»	1,075,000	»	»	»	»	»	1,075,000	1,075,000	»	49,640,511	48,565,511	2,16	1,075,000	»
43e	»	1,075,000	»	»	»	»	»	1,075,000	1,075,000	»	50,993,786	49,918,786	2,10	1,075,000	»
44e	»	1,075,000	»	»	»	»	»	1,075,000	1,075,000	»	52,414,725	51,339,725	2,05	1,075,000	»
45e	»	1,075,000	»	»	»	»	»	1,075,000	1,075,000	»	53,906,711	52,831,711	1,99	1,075,000	»
46e	»	1,075,000	»	»	»	»	»	1,075,000	1,075,000	»	55,473,296	54,398,296	1,93	1,075,000	»
47e	»	1,075,000	»	»	»	»	»	1,075,000	1,075,000	»	57,118,210	56,043,210	1,88	1,075,000	»
48e	»	1,075,000	»	»	»	»	»	1,075,000	1,075,000	»	58,845,370	57,770,370	1,82	1,075,000	»
49e	»	1,075,000	»	»	»	»	»	1,075,000	1,075,000	»	60,658,888	59,583,888	1,77	1,075,000	»
50e	»	1,075,000	»	»	»	»	»	1,075,000	1,075,000	»	62,563,082	61,488,082	1,71	1,075,000	»
51e	»	1,075,000	»	»	»	»	»	1,075,000	1,075,000	»	64,562,491	63,487,491	1,66	1,075,000	»
52e	»	1,075,000	»	»	»	»	»	1,075,000	1,075,000	»	66,661,865	65,586,865	1,61	1,075,000	»
53e	»	1,075,000	»	»	»	»	»	1,075,000	1,075,000	»	68,866,208	67,791,208	1,56	1,075,000	»
54e	»	1,075,000	»	»	»	»	»	1,075,000	1,075,000	»	71,180,768	70,105,768	1,51	1,075,000	»
55e	»	1,075,000	»	»	»	»	»	1,075,000	1,075,000	»	73,611,056	72,536,056	1,46	1,075,000	»
56e	»	1,075,000	»	»	»	»	»	1,075,000	1,075,000	»	76,162,858	75,087,858	1,41	1,075,000	»
57e	»	1,075,000	»	»	»	»	»	1,075,000	1,075,000	»	78,842,250	77,767,250	1,36	1,075,000	»
58e	»	1,075,000	»	»	»	»	»	1,075,000	1,075,000	»	81,655,612	80,580,612	1,31	1,075,000	»
59e	»	1,075,000	»	»	»	»	»	1,075,000	1,075,000	»	84,609,642	83,534,642	1,26	1,075,000	»
60e	»	1,075,000	56,250,000	1,545,000	»	»	»	57,325,000	57,325,000	12,600,000	87,711,374	30,386,374	65,35	57,325,000	30,386,374
	fr. 22,500,000	fr. 28,875,000	fr. 56,250,000	BÉNÉFICE NET après l'Amortissement.......					fr. 101,774,211	CAPITAL non amorti, ou perte.......					fr. 30,386,374
	107,625,000 fr.														

(*Vérités sur les Landes de la Gascogne et sur la culture forestière des pins*, in-8°. Firmin Didot, Paris, 1840, page 55).

ANNÉES de l'entreprise forestière.	RECETTES DIVERSES.			NELLE.		
				DIVIDENDE.		
	RECETTE sommaire des coupes d'arbres.	REVENU annuel de la Résine.	PRODUIT FINAL de l'abatis de la forêt.	débours ou *Actif soci.* (sol ressem'	TOTAL.	DÉFICIT D'AMORTISSEMENT ou *Perte.*
	fr.	fr.	fr.		fr.	fr.
1re	»	»	»	»	»	»
20e	1,687,500	»	»	1,545,09	1,687,500	»
25e	2,812,500	»	»	»	2,812,500	»
30e	6,750,000	»	»	»	6,750,000	»
31e	»	400,000	»	»	400,000	»
32e	»	400,000	»	»	400,000	»
33e	»	400,000	»	»	400,000	»
34e	»	400,000	»	»	400,000	»
35e	11,250,000	400,000	»	»	11,650,000	»
36e	»	1,075,000	»	»	1,075,000	»
37e	»	1,075,000	»	»	1,075,000	»
38e	»	1,075,000	»	»	1,075,000	»
39e	»	1,075,000	»	»	1,075,000	»
40e	»	1,075,000	»	»	1,075,000	»
41e	»	1,075,000	»	»	1,075,000	»
42e	»	1,075,000	»	»	1,075,000	»
43e	»	1,075,000	»	»	1,075,000	»
44e	»	1,075,000	»	»	1,075,000	»
45e	»	1,075,000	»	»	1,075,000	»
46e	»	1,075,000	»	»	1,075,000	»
47e	»	1,075,000	»	»	1,075,000	»
48e	»	1,075,000	»	»	1,075,000	»
49e	»	1,075,000	»	»	1,075,000	»
50e	»	1,075,000	»	»	1,075,000	»
51e	»	1,075,000	»	»	1,075,000	»
52e	»	1,075,000	»	»	1,075,000	»
53e	»	1,075,000	»	»	1,075,000	»
54e	»	1,075,000	»	»	1,075,000	»
55e	»	1,075,000	»	»	1,075,000	»
56e	»	1,075,000	»	»	1,075,000	»
57e	»	1,075,000	»	»	1,075,000	»
58e	»	1,075,000	»	»	1,075,000	»
59e	»	1,075,000	»	»	1,075,000	»
60e	»	1,075,000	56,250,000	1,545,0	57,325,000	30,386,374
	fr. 22,500,000	fr. 28,875,000	fr. 56,250,000	à perte.......		fr 30,386,374

107,625,000 fr.

Report............ 52,413,610 fr.

Mais nous avons vu dans nos raisonnements sur la première hypothèse (normale), que la quatrième (et dernière) éclaircie, à la fin de la trente-cinquième année (11,250,000 arbres à 1 fr.), produira........... 11,250,000 fr.

Le revenu de la résine..... 400,000

La recette à valoir pour l'amortissement sera donc de.. 11,650,000 fr.

Ils restera ainsi en avances à la fin de la trente-cinquième année................. 40,763,610 fr.

Pour établir la situation financière de l'entreprise à la fin de la trente-sixième année, nous ajoutons au capital que nous venons d'écrire son intérêt d'un an (à 5 p. 100), puis du total (42,771,790 fr.), nous soustrayons le revenu en *résine*, qui s'est élevé (voir la page 48) à la somme de 1,075,000 francs (frais déduits), et nous trouvons que le capital restant à amortir à la fin de la trente-sixième année sera de 41,696,790 fr.

Nous continuons ce calcul pour chaque année jusqu'à la *soixantième* inclusivement, et nous complétons ainsi les éléments dont nous avons formé le Tableau comparatif *des résultats des deux hypothèses de culture forestière dans les Landes de Gascogne* (à la fin du présent opuscule).

Nous allons résumer ici les résultats calculés de ce parallèle des deux hypothèses : l'une est *normale*, l'autre serait *irrationnelle* ou ruineuse.

RÉSUMÉ.

HYPOTHÈSE NORMALE.

Superficie de Landes à boiser........... 25,000 hect.

Déboursé primitif (page 42)............ 1,545,000 fr.

A la vingtième année.—*Dividende* p. 100 fr. : 36 fr. 75 cent. (c'est à raison de 1,83 par an).

A la vingt-cinquième année.—*Dividende* p. 100 fr. : 74 fr. 05 c. (c'est à raison de 14,81 par an).

A la trentième année. — *Bénéfice* en sus de l'amortissement..................... 5,399,211 fr.

A la trente et unième année.—*Capital* restant à amortir..................... » »

Jusqu'à la trente-quatrième année. — *Bénéfice net* (par an)................... 500,000 fr.

A la trente-cinquième. — *Bénéfice net*, total............................. 11,650,000 fr.

Jusqu'à la soixantième année. — *Bénéfice net annuel*....................... 1,075,000 fr.

A la soixantième année.—*Produit* de l'abatis et *revenu*....................... 57,325,000 fr.

SITUATION DE LIQUIDATION A LA SOIXANTIEME ANNÉE.

Total *des dividendes successifs*........ 107,625,000 fr.

Bénéfice net total, après l'amortissement. 101,774,211 fr.

Capital restant à amortir............... » »

Valeur de l'*actif social*.—A ajouter..... 1,545,000 fr.

BENEFICE FINAL.................. 103,319,211 fr.

RÉSUMÉ.

HYPOTHESE IRRATIONNELLE.

Superficie de Landes à boiser........... 25,000 hect.

Déboursé primitif (page 50)........... 12,600,000 fr.

A la vingtième année. — *Dividende* p. 100 fr. : 4 fr. 90 cent. (c'est à raison de 0,20 par an).

A la vingt-cinquième année. — *Dividende* p. 100 fr. : 6 fr. 08 c. (c'est à raison de 0,30 par an).

A la trentième année.—*Dividende* p. 100 fr. : 13 fr. 70 cent. (c'est à raison de 2,74 par an).

A la trente et unième année.—*Capital* restant à amortir..................... 44,610,107 fr.

Jusqu'à la trente-quatrième année.—*Recette* à valoir pour l'amortissement (par an).. 400,000 fr.

A la trente-cinquième année. — *Recette* à valoir pour l'amortissement........... 11,650,000 fr.

Jusqu'à la soixantième année. — *Recette annuelle* pour l'amortissement........ 1,075,000 fr.

A la soixantième année. — *Recette* à valoir pour l'amortissement................ 57,325,000 fr.

SITUATION DE LIQUIDATION A LA SOIXANTIÈME ANNÉE.

TOTAL *des dividendes successifs*........ 107,625,000 fr.

Bénéfice net........................ » »

Capital restant à amortir............... 30,386,374 fr.

Valeur de l'*actif social*.—A DÉDUIRE.... 12,600,000

PERTE FINALE.................... 17,786,374 fr.

Il est bon de faire remarquer, sur le *Tableau comparatif*, que lorsque l'entreprise forestière dirigée selon l'hypothèse *normale* produit un *revenu net* de 1,075,000 francs de la trente-sixième à la cinquante-neuvième année inclusivement, l'amortissement du capital et des intérêts dans l'hypothèse *irrationnelle* étant insuffisant, son capital s'accroît toujours, et, par conséquent, le revenu restant fixe, l'intérêt du capital en avances décroît progressivement du taux de 2 fr. 51 c. pour tomber à 1 fr. 26 c. pour cent à la cinquante-neuvième année. Enfin, à la soixantième année, la recette de 57,325,000 fr., qui sera un *bénéfice net* dans l'hypothèse *normale*, ne vient, dans l'hypothèse *irrationnelle*, qu'en déduction du capital à amortir (87,711,374 fr.) pour une quotité de 65,35 p. 100, et laisse encore en dehors de l'amortissement (ou en *perte*) une somme de 30,386,374 fr., qui n'a d'autre compensation que l'*actif social* ou la valeur du *sol ressemé* naturellement en pins, que nous écrivons au prix d'origine : 12,600,000 fr., bien qu'à ce taux de *revient*, l'entreprise, comme nous l'avons démontré, ne puisse qu'être onéreuse et absurde.

On trouvera, par un calcul facile, que le bénéfice de cent millions ne serait point réalisé, ou se trouverait absorbé, dans notre première hypothèse *économique*, si elle cessait de l'être ; et que la base de 62 fr. par hectare (pour prix d'achat du terrain et des travaux d'ensemencement) fût élevée non pas au taux de 400 fr. de l'*apport* de la deuxième hypothèse, mais seulement à la somme de 277 fr. par hectare, ce qui ne serait que 215 fr. au-dessus de notre base rationnelle. — En effet, le nombre 215 fr. multiplié par 25,000 hectares donne la somme de 5,375,000 fr., qui produit par l'intérêt composé (ou intérêt des intérêts), au bout de soixante ans, la somme de 100,400,644 fr. — DONC, ainsi que nous l'avons dit, une mise de fonds de 215 fr. de plus par hectare ajoutée dès l'origine à la dépense d'acquisition et d'ensemencement (évaluée par nous à 62 fr.), suffirait pour absorber le bénéfice probable de cent millions qui ressort de nos calculs : et alors l'entreprise forestière serait *folle*, puisqu'on en courrait les risques pour faire un placement qui ne serait pas seulement à cinq pour cent. Et nous ne craignons pas d'affirmer que l'entreprise serait d'autant plus *folle* qu'on voudrait servir des intérêts, *annuels et fixes*, pris sur le capital, en attendant les productions du sol.

Ainsi l'on doit conclure, *logiquement* et *mathématiquement*, que toute entreprise de boisement en pins dans les Landes ne peut qu'être ruineuse si le prix de *revient* de l'hectare excède 277 fr.; — qu'à ce prix même, elle n'offre aucune expectative de bénéfices suffisants, et qu'il est donc prudent d'établir la base de l'opération au niveau le plus bas possible, comme nous l'avons fait dans notre *hypothèse normale*, afin qu'elle soit à la fois large et solide.

Advienne quelque grand sinistre, qu'on tienne compte aussi de l'imprévu inévitable dans les grandes opérations, et l'on restera convaincu que celle-ci ne peut être tentée avec bonheur qu'en se renfermant dans les chiffres que nous avons indiqués et qu'en pratiquant l'*économie* et les *procédés simples* que nous avons conseillés, puisque des résultats qui semblent fantastiques suffiraient à peine, avec la meilleure administration, à balancer les exagérations dans les apports et les dépenses, et à boucher les trouées de la cupidité ou de l'impéritie.

Si les détails dans lesquels nous sommes entrés n'ont pas trompé nos intentions, les Landes de la Gascogne seront appréciées à leur juste valeur. L'ambition aura des règles qui lui serviront de limites, la défiance une mesure qui la fixera sur les ressources; on saura quels sont les insurmontables empêchements que doivent y rencontrer les céréales, les légumineuses et les plantes du domaine de la culture rurale; empêchements qui se résument dans les causes suivantes :

La culture forestière est la seule possible et praticable sur le sol des Landes; obstacles qu'y rencontrent les autres cultures.

Infécondité du sol exclusivement composé d'un sable inerte et ferrugineux, véritable *caput mortuum*, n'ayant pour agent de végétation qu'une humidité précaire à laquelle succède, après quelques jours de chaleur, une sécheresse qui grille toutes les plantes dont les racines ne plongent pas profondément dans la terre. Rien n'est joli à l'œil, rien n'est plus pittoresque que les champs de seigle, au mois de mai ! Quelque temps après, ces plantes s'étiolent, s'alanguissent, les fanes se flétrissent, se dessèchent, et il ne reste de cette végétation printanière qu'un épi dont les balles vides attestent l'action de la chaleur au moment de la formation du grain : mêmes résultats pour les prairies.

Submersion par les eaux hivernales.

Manque absolu de bras et de moyens de communication pour amener des fumiers.

Veut-on savoir comment on obtient les trois récoltes par an, promises dans presque tous les écrits sur les Landes? D'abord, on couvre de fumier les champs d'une étendue ordinaire de 10 hectares; on sème ensuite du seigle sur l'ados des sillons seulement; après le sarclage des seigles, au mois de mars, on sème du mil ou du *panis* dans les raies des sillons; quand les seigles sont coupés, on butte, à la bêche, cette semaille, de telle sorte que l'ados du sillon en devient alors la rigole; on récolte ce mil dans le mois de septembre; cette récolte faite, on couvre le champ de fumier, on recommence le même mode de culture, et les mêmes récoltes se succèdent tous les ans. Quelques citrouilles, quelques haricots, quelques petits pois, quelques navets, mélangés à ces cultures, voilà ce que sont ces récoltes qu'on n'obtient qu'avec le fumier de trois à quatre cents chèvres ou moutons. Mais comme ces troupeaux ne reçoivent d'autre nourriture que celle qu'ils trouvent sur ces steppes, il faut pour chacun d'eux une lieue carrée de parcours; et telle est cependant l'infécondité de ce sol, que, malgré l'engrais fourni par ces troupeaux et la litière abondante que donnent les bruyères, ces champs si préconisés rendent à peine quatre ou cinq pour un de la semence.

Des bœufs du poids de 80 à 100 kil., des moutons pesant 5 à 6 kil., tous les quadrupèdes enfin chétifs et dégénérés, voilà ce qui prouve, mieux que toutes les théories, la stérilité de ce sol. L'homme atteint rarement la taille de 5 pieds, rarement aussi il arrive à soixante ans! L'espèce humaine, toutes les races animales décroissent et dégénèrent sur ce sol, dont on a voulu faire un paradis terrestre, et où la misère et les fièvres endémiques déciment encore la population. Les arbres seuls règnent en triomphateurs : c'est une loi de la nature dont il vaut mieux tirer profit, en la suivant, que de chercher à la changer.

Les exceptions à cet état général du sol sont si rares, qu'elles ne méritent pas d'être notées. Les Landes du canton de Labrède, celles du plateau de Sabres, quelques *lettes* marécageuses développent, il est vrai, une végétation plus variée en espèces et plus vigoureuse, mais pourrait-on y faire de la culture sans de copieux engrais? Aucun habitant des Landes ne serait assez fou pour même le tenter. Les *prés salés*, si riches par les résidus salifères et les débris de poissons qu'y a déposés la mer, réunissent, très-certainement, toutes les conditions de fertilité désirables et peuvent être assimilés aux meilleures terres; mais les prés salés sont un banc argileux faisant exception par sa composition à la constitution et à la mauvaise qualité du sol des Landes. Ce banc, qui enceint sur beaucoup de points le bassin d'Arcachon, n'a qu'une largeur moyenne de 1,000 mètres; toute la partie de ce banc qui est endiguée fournit, il est vrai, les cultures les plus riches et les plus variées; celle qui sépare la ville de la Teste de son port deviendra, même après l'endiguement, les jardins de cette ville; mais cette plage, d'une superficie d'environ 2,000 hectares, ne prouve, malgré sa fertilité, rien pour celle des Landes. Le mot d'Arcachon est fort doux et très-euphonique ..... malheureusement les Landes ne sont pas des prés salés; le voisinage n'implique aucune similitude, et n'empêche pas qu'autant les prés salés sont bons, autant les Landes d'Arcachon sont mauvaises; qu'on se tienne donc en garde contre les mots, et surtout qu'on ne confonde pas les choses.

Nul doute que le système d'assainissement et de communications proposé par *M. Deschamps*, ne modifiât un tel état de choses. L'assèchement du sol le rendrait plus propre à la culture et ferait cesser l'émanation des miasmes délétères qui vicient l'air. Par les retenues d'eau qu'exigerait la canalisation, on pourrait pratiquer avec succès quelques irrigations, et ces canaux enfin, véritables artères fécondantes, permettraient d'amener sur ce sol (à des conditions supportables pour l'agriculteur) des fumiers actifs avec lesquels on arriverait progressivement aux fourrages, aux bestiaux, aux engrais, et enfin à une culture générale. Mais ces immenses difficultés vaincues, et après avoir distribué sur ces terres les éléments générateurs qui leur manquent en bétail et population, après avoir enfin créé un sol arable factice, il resterait encore à résoudre le problème suivant :

L'AGRICULTURE SERAIT-ELLE PLUS PROFITABLE QUE LA CULTURE FORESTIÈRE ?

Nous doutons que, toutes choses comparées dans les moyens et les résultats, on obtienne autant d'avantages de toutes les cultures connues jusqu'à ce jour, que de celle que nous avons établie pour les pins. Tous les efforts doivent donc tendre à la culture des *Pins*, du *Chêne-liége* et du *Mûrier*; et certes, si l'assainissement des Landes et la canalisation viennent un jour donner carrière à ces efforts et faciliter le développement de ces cultures, elles s'empareront exclusivement du sol des Landes.

Le *Chêne-liége* demande un sable profond, craint l'eau et les terres minéralisées, il viendrait donc difficilement dans les grandes Landes. On pourrait le cultiver, avec succès, sur les crêtes et les hauteurs formant les quatre lignes d'exploitation que nous avons tracées ; il suffirait de semer de 10 mètres en 10 mètres un gland de ce chêne, en même temps qu'on opérerait le semis des pins ; l'ombrage de ceux-ci protégerait la croissance des liéges et favoriserait leur élancement. Cet arbre, d'une venue très-lente, ne peut donner des produits qu'à soixante ans au moins : ainsi la forêt de pins, après la coupe à *blanc-étoc*, serait remplacée par la forêt de chênes-liége d'une valeur beaucoup plus importante encore, car on estime que chaque arbre, qu'on écorce tous les huit ans, donne en moyenne 2 francs par an. Et comme chaque hectare comporterait facilement cinq cents de ces arbres, ce serait donc un revenu annuel de 1,000 francs par hectare qui durerait des siècles, car le chêne-liége vit aussi longtemps que ses congénères. Cette culture exige plus de soins que celle des forêts de pins : il faut nettoyer les forêts, bêcher les arbres aux pieds. Travaux toutefois qui, sur le terrain si friable des Landes, coûteraient à peine, par an, 50 francs par hectare.

Le *Mûrier* prend sur le sol des Landes ce riche développement qu'y acquièrent tous les arbres sans exception. Toutes les variétés y réussissent parfaitement. M. *de Sauvage* (receveur général du département de l'Ardèche), à qui les Landes doivent tant d'améliorations (1), a fait établir, sur son domaine de Lamarque, une pépinière réunissant les variétés les plus convenables au sol des Landes : il en a obtenu des soies gréges qui rivalisent avec celles de l'Ardèche, les plus belles en qualité. Les espaces vides, destinés à isoler les massifs de pins, pourraient être consacrés à cette précieuse culture. Nulle part le mûrier ne vient mieux que dans les Landes, nulle part il n'a une climature plus propre à ses fins séricoles.

Marais, desséchements.

Des alchimistes d'une nouvelle école ont trouvé un procédé encore inédit de faire de l'or avec des Landes, car tous les charlatans industriels, circoncis ou incirconcis, veulent se montrer sur ce théâtre. Ce n'est plus ni avec des forêts, ni avec des prairies, ni avec du bitume qu'ils opéreront la transmutation. Il existe sur le littoral de l'Océan, entre Bayonne et Bordeaux, d'assez vastes étangs formés par l'amoncellement des dunes, qui, en opposant un écoulement aux eaux, les ont forcées à se répandre sur les sables; ces sables, en tout semblables à ceux

---

(1) On doit à *M. de Sauvage* l'introduction des *Chameaux* dans les Landes, depuis 1827, trois ans avant la conquête d'Alger. Les usages auxquels il les soumit, les services qu'il en obtint, les soins qu'il employa pour leur reproduction (soins couronnés d'un plein succès : ses chameaux ont fourni plusieurs générations), ont appris aux habitants tout le parti qu'on peut tirer de ces utiles animaux. Trois ans après la conquête d'Alger, et six ans après que les chameaux introduits par *M. de Sauvage* étaient connus et appréciés, un député *avocat* en expédia deux couples d'Alger à la ménagerie électorale des Landes, et reçut en récompense une magnifique médaille d'or, bien que ses chameaux, subissant sans doute la condition du maître, et attachés, comme lui, au râtelier de l'État, n'eussent mangé, dans la traversée, que la ration de l'ordinaire, tandis qu'on n'a rien accordé à *M. de Sauvage*, qui avait fait venir les siens de Ténériffe à ses frais, périls et risques!.... On n'est pas un Cicéron pour être avocat, mais un avocat *député* égale à coup sûr l'orateur romain, sinon en éloquence, du moins en succès, quand il plaide *Pro domo suo*.

des dunes, pourraient, sans autre préparation que celle du lavage qu'ils ont subi par le mouvement des flots de la mer, être mélangés dans un creuset avec de la soude ou du minium, et produire du verre et du cristal, parfaits et bien limpides. On veut les soumettre à une autre manipulation, le *desséchement;* parce qu'un desséchement nécessite de grands travaux, que ces travaux coûtent des millions, et qu'avec des millions on tripote (lorsqu'on est aussi industrieux qu'industriel) des marchés à forfait, des devis exagérés! Le fond de ces étangs, (en supposant qu'on le mette à découvert) reviendra à quelques centaines de francs l'hectare, et sera incontestablement aussi infécond que le terrain des alentours dont on pourrait faire l'acquisition à 30 francs l'hectare: mais cette acquisition serait un moyen trop vulgaire! il y a quelque chose de plus profond dans cette sorte de pêche des terres! Quel beau thème, en effet, pour un prospectus! Avec les mots magiques d'*alluvions*, d'*humus*, de *détritus végétaux*, on fera des phrases, pleines de nombre, de redondance, et les millions auront produit tout leur effet: c'est-à-dire que les rédacteurs des projets et des plans seront enrichis, les bénévoles actionnaires appauvris, et le sol restera, comme auparavant, abandonné à la providence. Ce résultat n'est-il pas écrit, à l'avance, dans le bilan de presque toutes les sociétés de desséchement anciennes et modernes? C'est que là où il faudrait des hommes expérimentés, ayant largement pratiqué l'agriculture et les affaires, on ne trouve assez généralement à la tête de ces entreprises, compliquées des plus graves questions agricoles et commerciales, que des gens impropres à tout travail, étrangers à toutes ces questions, et dont un véritable commerçant ne voudrait pas plus pour garçons de boutique, qu'un fermier intelligent n'en voudrait pour maîtres-valets, chargés d'exécuter ses ordres ou de diriger les travaux de culture en son absence.

Les malheureux habitants des Landes gémissent de toutes ces tentatives. Convaincus qu'elles ne peuvent rien pour l'amélioration de leur pays, ils craignent, avec raison, que le gouvernement, s'en rapportant à l'industrie, leur retire sa sollicitude, ou bien que ces *coupe-gorge* successifs dégoûtent les hommes probes et prudents, et paralysent les utiles efforts auxquels ils pourraient se livrer pour réaliser les ressources de ces contrées et en préparer l'avenir. Cependant il y a, dans le défrichement de nos Landes, des intérêts non moins importants que ceux de culture et d'assainissement, qu'il faut, à la fin, oser mettre en discussion !

Si les productions du sol et notre population augmentaient d'un dixième, la fortune publique, les impôts, la consommation, le travail et l'aisance s'élèveraient dans les mêmes proportions; puisqu'il est prouvé par les faits que l'agriculture est en France le principe de toute amélioration. Mais à côté de cette question matérielle toute jugée (bien que personne ne songe à ramener cet arrêt de la raison publique à exécution), il reste encore à résoudre cet important problème social : Que fera-t-on de cette population exubérante qui fournit des légions à l'émeute et au paupérisme, et qui peuple les bagnes et les prisons? Les condamnations mécaniques de la cour des pairs, des tribunaux correctionnels et des assises, prouvent qu'on ne peut même la décimer. La logique des Brougham et des Dupin (*la suppression des tours*) est impuissante pour la tarir dans ses sources; enfin les conquêtes, les expéditions lointaines ne sont plus et ne peuvent redevenir un prétexte de bannissement. Qu'opposer cependant à un mal toujours croissant ?

Il se fait, depuis l'établissement en France du système représentatif, un changement dans nos mœurs dont on n'a pas assez calculé les graves résultats ; une tendance d'ascension tourmente toutes les classes de la société et les fait se ruer des rangs infimes sur les rangs supérieurs ; ainsi le fils du laboureur, voyant son père assimilé à une bête de somme, déserte la charrue pour se faire artisan, parce que l'artisan est mieux vêtu, mieux nourri, plus considéré que son père. Le fils de l'artisan veut devenir bourgeois, parce que les bourgeois n'ont pas les mains calleuses et sont pourtant censitaires; conditions qui, aux yeux des masses, semblent résumer dans la bourgeoisie (devenue un type politique, transformée en un mythe national), toutes les supériorités intellectuelles, toutes les félicités..... Les hommes, dans ce singulier système, sont si inégalement, si brutalement parqués en deux camps distincts, dans l'un desquels on a jeté en masse et pêle-mêle, comme une vile matière, comme des instruments passifs, les banqueroutiers frauduleux et les forçats libérés, privés de l'exercice des droits civiques ; les laboureurs, les ouvriers et tous les producteurs directs et immédiats, dont la probité et le travail ne peuvent compenser l'insuffisance de quelques centimes pour l'électorat; tandis qu'on a placé dans l'autre, comme citoyens d'élite et conservateurs, ayant seuls savoir et vertus, LES HOMMES DU SOL, LES HOMMES DE LOISIR ; ainsi la bourgeoisie est l'unique cadre qui exprime une valeur. Il résulte de cette bizarre classification, fastueusement appelée *politique*, que quiconque n'est pas bourgeois, c'est-à-dire *censitaire*, est ilote, n'est rien ! Cependant le niveau arithmétique du cens électoral venant placer, sans aucune distinction, sur le même plan les barons de race aristocratique et leurs anciens vassaux endimanchés; l'armateur faisant la traite des nègres et l'industriel qui fait celle des conscrits; les évêques par la cote somptuaire de leur palais épiscopal et le juif par la patente de sa boutique; les pairs de France et les marchands de bric-à-brac ; les députés et les fabricants d'allumettes phosphoriques; les académiciens et les pâtissiers ; les Robins barbouilleurs de papier timbré et les peintres en bâtiments; les magistrats et les maîtres d'armes : il résulte de cette macédoine, que les ilotes, profitant de tous les avantages pour établir une comparaison, se sentent facilement autant de mérite et d'intelligence que des paysans endimanchés, des trafiquants de chair humaine, des juifs, des marchands de bric-à-brac, des fabricants d'allumettes, des pâtissiers, des barbouilleurs et des bretteurs jurés. Comme les affinités de voisinage ou de parenté, et l'honneur de marcher côte à côte avec eux dans les rangs de la garde nationale, font naître d'ailleurs tant d'occasions où les ilotes voient combien est exigu et étriqué le patron sur lequel on taille les Lycurgues et les Aréopagistes, les ilotes se trouvent naturellement excités à s'assimiler *à l'épicier* ÉLECTEUR, ne trouvant pas cette transformation plus bizarre que celle qui assimile *l'électeur* ÉPICIER à *l'électeur* PAIR DE FRANCE, ARMATEUR, DÉPUTÉ, PRÉLAT, ACADÉMICIEN, AVOCAT OU MAGISTRAT....

Cette barrière, objectera-t-on, n'est pas infranchissable pour l'émulation... Sans doute! et tant d'acrobates sont si heureusement tombés assis sur les fauteuils en velours du Luxembourg et du Palais-Bourbon, il est tombé en leurs mains tant de portefeuilles, que l'objection puise sa force dans les faits... Mais que de crimes pour quelques succès, que de misères pour quelques fortunes!... Combien à qui le pied a glissé et glissera encore dans le sang, comme les Lacenaire, les Soufflard, les Peytel, en voulant franchir la barrière! Combien plus nombreux encore les Robert Macaire passés de l'autre côté ou restés en deçà de la limite, maculés de fange dans leurs efforts, et rendus hideux par leurs meurtrissures et leurs lambeaux!... Ces distinctions, cette émulation, qui heurtent par un contre-sens manifeste cette première base du système représentatif : *Les Français sont égaux devant la loi, quels que soient leurs titres et leurs rangs*, ne sont en réalité qu'un véhicule actif de désorganisation, un agent incessant de perturbation, excitant des ambitions détestables, une cupidité effrénée!!! Qu'on s'empresse donc, si l'on veut arrêter les ravages de cette désorganisation, de remplacer ces sophismes par la morale et la vérité ; en accordant à chacun une part proportionnelle de considération, puisque c'est le but honorable de ses efforts. Qu'on montre donc plus de respect pour la dignité de l'homme; que la société reconnaissant les services que lui rendent les travailleurs, les place, au moins, au même niveau que les oisifs qui ne font rien pour elle; que la loi protége plus efficacement l'ouvrier, en faisant peser sur le superflu seulement l'impôt qui vient frapper le salaire gagné par ses sueurs; que le travail, considéré par le fisc comme un *capital imposable*, devienne un *capital politique*, comme le sont les terres, les écus, les marchandises; qu'il n'y ait plus de *parias* enfin! et bientôt les ateliers rendront à la glèbe, qui manque de bras, ceux qu'ils ont de trop et qui l'ont abandonnée. Nos terres incultes se couvriront de moissons, nos champs mieux cultivés amèneront l'abondance. Chacun trouvant alors dans la médiocrité le pain qu'il lui faut, et la part de considération et de dignité que le ciel lui a départie, ne sera plus tenté de les obtenir par escalade !... Si on étudie, sous un autre point de vue, le fractionnement de la société en catégories et en intérêts distincts, producteurs et consommateurs, industrie et agriculture, manufactures et commerce maritime, citadins et laboureurs, électeurs et propriétaires, on ne trouve que luttes, divisions, acharnements et tiraillements. Chaque intérêt, chaque catégorie tendent à devenir exclusifs et dominateurs. C'est ainsi que l'agriculture portant ses doléances au gouvernement, il y a vingt-cinq ans, sur le bas prix des céréales (que compensait certainement l'abondance des récoltes), un ministre célèbre lui offrit, pour consolation, de blasphémer contre la Providence à cause de ses libéralités !!! De nos jours, les navires marchands s'étant mis à l'encontre de nos charrues, on va proscrire une culture dont les produits, de la plus haute importance, auraient satisfait aux premières nécessités !!! Le pouvoir législatif ne vient-il pas de décréter gravement, dans la lutte récente entre les producteurs et les consommateurs, que le peuple est fort heureux de pouvoir manger les abatis de la viande de boucherie à 60 centimes le kilogramme, lorsque les riches payent les aloyaux et les morceaux délicats 70 centimes !!! N'est-ce pas là prendre sur le fait le gouvernement *récréatif?* Ainsi, non-seulement il y a danger, mais, de plus, impossibilité de gouverner, si on ne fond, comme l'a fait le christianisme, tous les hommes dans la même unité sociale, avec une équitable répartition de droits et de devoirs.

Les gros bonnets politiques de l'époque, bourgeois d'un jour et plébéiens de la veille, ainsi que les ducs et les comtes de l'empire, trouveront (malgré leur dépit de n'avoir pas D'ANCÊTRES) détestables et subversives, des maximes qui auraient pour résultat de rendre leurs pères aussi nobles qu'eux !!! Mais qu'ils y prennent garde ! le sol craque encore sous le poids des injustices, du malaise et du mécontentement ! le salpêtre brûlé dans les rues n'a pas tellement consolidé les pavés, qu'ils soient eux aussi IMMUABLES ! et le canon n'est pas plus un argument contre le mal qui désorganise la société, que le bagne, les prisons et les hôpitaux n'en ont été les remèdes ! Attendra-t-on qu'exaspérés par la faim, des malheureux viennent encore demander du TRAVAIL ou la MORT, pour leur répondre par des boulets et des ordres du jour, ou bien leur distribuera-t-on assez tôt des charrues et des chartes d'affranchissement ?......

APPENDICE

EXTRAIT DES DIVERS ÉCRITS SUR LES PINS.

DELAMARE. — *Traité de la culture des pins à grandes dimensions.* — Paris, madame Huzard.

PAGE 304. — « 1° La culture des pins est plus facile que « celle de toutes les autres espèces de bois, tant résineux que « feuillus ;

« 2° Elle est incomparablement moins dispendieuse que la « culture des bois feuillus, d'autant plus qu'à dix ou quinze ans « non-seulement on est rentré dans ses avances, mais même on « est entré en bénéfice ;

« 3° Elle utilise des terrains impropres à toute autre produc- « tion ;

« 4° Elle donne, *dans l'espèce maritime,* des produits assez « hâtifs pour que leur créateur puisse les recueillir *personnelle- « ment dans toute leur étendue.* »

PAGE 289. — « Ainsi on peut évidemment dire qu'en pins « maritimes, le créateur de bois est plus que rentré dans ses « avances, qu'il est même entré en bénéfice dès douze ans après « ses premières avances ; je pourrais même dire que c'est dès « huit à neuf ans : car, dans mon exemple, le produit net des « deux premiers nettoyages, exécutés l'un à sept et l'autre à « huit ans du semis, a été de 300 fr. — Or, à ce moment-là, « l'avance et ses intérêts n'arrivaient pas tout à fait à cette « somme. »

PAGE 203, § 4. — « Quant aux produits accessoires résultant « des nettoyages, ils commencent, dans tous les cas, du moins « dans l'espèce maritime, vers l'âge de huit ans du semis à de- « meure, et ils se prolongent jusqu'au moment de la récolte des « produits définitifs ;... mais, dans l'un et l'autre cas, ces pro- « duits accessoires doivent fournir largement à la rentrée des

« frais de la création, non pas seulement en capital, mais aussi « en intérêts, et même ils doivent en outre donner lieu à de « premiers profits. »

DESCHAMPS, *inspecteur général des ponts et chaussées.* — Mémoire intitulé : *Des travaux à faire pour l'assainissement et la culture des Landes de Gascogne.* Paris, 1832.

PAGE 8. — « Des divers produits des Landes, le plus important, celui du revenu le plus considérable, est, sans contredit, le pin maritime, qui croît spontanément dans ce pays, « quoique le chêne et quelques autres essences s'y élèvent aussi « à de grandes dimensions, etc., etc. »

PAGE 9. — « Mais, en ce qui concerne le pin maritime, outre « la variété de matières résineuses qu'il fournit, son bois, considéré simplement comme combustible, est aux Landes ce « qu'est la houille pour d'autres contrées ; le prix en est plus « que doublé à Bordeaux depuis l'introduction des bateaux à « vapeur et usines, etc., etc. »

PAGE 49. — « La plantation en bois de pins maritimes et autres essences dont les forêts des Landes offrent les plus beaux « échantillons, présentera toujours des *produits certains*, après « avoir *amplement couvert* les frais d'ensemencement et d'aménagement. »

PAGE 55.— « De 40,000 journaux de Landes acquis vers 1765 « par la compagnie Nézer, 1,800 seulement, c'est-à-dire moins « de la vingtième partie, furent semés en pins. La forêt provenant de ce semis, qui, dès *la septième année*, donnait des « produits, et n'a pas cessé d'en fournir jusqu'à présent, vient « d'être vendue moyennant le prix de 150,000 fr., ou trois fois « la valeur qu'avait coûté la totalité des 40,000 journaux ; et « l'acquéreur se promet de très-grands bénéfices de l'exploitation de cette forêt, puisqu'un expert dont nous avons le rapport entre les mains, en fait monter le résultat à un revenu *de* « 151,990 fr. *par an*, pendant la série de *quinze années.* »

BILLAUDEL, *ingénieur des ponts et chaussées.* — Mémoire ayant pour titre : *Les Landes en* 1826.

« Quoique la valeur de ces bois varie suivant la position plus « ou moins rapprochée des pays cultivés, cependant, et d'après « des *calculs qui n'ont rien d'hypothétique*, il n'est, même dans « l'état actuel des choses, *aucune spéculation en agriculture* « *plus sûre et plus profitable que celle-là.* »

Ce raisonnement est rapporté et confirmé dans le mémoire de M. Deschamps précité (Paris, 1832, page 54, note 4.)

DUHAMEL-DUMONCEAU. — *Traité des arbres et arbustes.* — Paris, 1755.

TOME 2, PAGE 168, n. 9. — « Il ne paraît pas que la déper- « dition de la résine affaiblisse les pins..... Les pins, comme « nous l'avons déjà dit, qui ont fourni de la résine pendant 15 « à 20 ans, font de bonnes planches, et peuvent être brûlés « pour en extraire le goudron ou pour en faire du charbon. »

MÊME PAGE, n. 13. — « Il est bon de faire remarquer qu'on « ne peut guère planter de forêts qui soient plus avantageuses « aux propriétaires que celles des pins. 1° Cet arbre peut s'éle- « ver dans des sables où rien ne peut croître, et où l'on ne peut « élever que de mauvaises bruyères; 2° le pin croît fort vite, sur- « tout dans les terrains où il se plaît. Dès la dixième année on « en peut faire des échalas pour les vignes, et quand il est à l'âge « de 15 ou 18 ans, on peut l'abattre pour le brûler; son écorce, « pilée, fournit, à ce qu'on assure, un fort bon tan.

« Si on ménage bien les entailles, lors de l'extraction de la « résine, on peut, après en avoir tiré un *profit annuel pendant* « 30 *ans*, abattre cet arbre pour en faire du bois de charpente « qui est d'un très-bon service. Dans plusieurs provinces on le « vend les deux tiers du prix du bois de chêne.

« Les tronçons, les racines, enfin toutes les parties grasses « de cet arbre, peuvent fournir du goudron, du charbon, etc., etc. « Les futaies de pins sont bien plus avantageuses aux proprié- « taires que celles de chênes, non-seulement parce qu'on peut

« les abattre deux fois contre celles de chênes une, mais encore « parce que les futaies de pins produisent un revenu annuel « bien plus considérable. Il est surprenant que les propriétaires « de grandes plaines de sables qui ne produisent que de mauvai- « ses bruyères, ne pensent pas à y planter des forêts de pins, « qui n'exigent presque aucune dépense. Un père de famille ne « pourrait rien faire de plus avantageux pour sa famille. »

BAUDRILLART, *chef de division à l'administration générale des forêts, membre de la Société royale d'agriculture.*

On lit dans le *Traité général des eaux et forêts* de cet auteur (Paris, 1834), à l'art. PIN MARITIME, *Dictionnaire*, tome 2, page 589 : — « La croissance du pin maritime est « beaucoup plus prompte que celle du pin sauvage ; il s'élève en « quatre ou cinq ans à la hauteur de 6 à 7 pieds. Cet avantage, « et la propriété qu'il a de prospérer dans les plus mauvais ter- « rains de sables quartzeux et cristallins, comme aussi de résis- « ter aux vents de mer, qui ne permettent pas à la plupart des « autres arbres de végéter sur nos côtes, ont excité à en faire « de grandes plantations dans les provinces maritimes de « la France, et notamment dans les dunes du golfe de Gas- « cogne. »

Et plus loin, page 590 : — « La culture de cet arbre a fait de « grands progrès. M. Boutin l'a semé dans la triste Sologne, où « il était inconnu avant lui, et où il a très-bien réussi. MM. de « Boisgibault et Duhamel ont suivi cet exemple, et tous les se- « mis qu'ils ont faits, même dans le sable pur, ont prospéré. « Depuis ces premiers essais, le pin maritime s'est mis en pos- « session d'une grande quantité de terrains qui se refusaient à « toute espèce de végétation. — Les jeunes pins que l'on coupe « pour éclaircir les forêts fournissent des échalas et des fagots. « Le pin maritime est surtout important à cause de ses produits, « comme térébenthine, brai, goudron, noir de fumée; il sert au « chauffage, à la charpente, etc. »

Mauny de Mornay, *membre de plusieurs sociétés savantes et agricoles.*—*Livre du forestier, guide complet de la culture et de l'exploitation des bois et de la fabrication des charbons et des résines.*— Paris, 1838.

Page 116. — « Le pin maritime croît dans le midi de la « France; les sables et les terrains siliceux lui conviennent de « préférence aux terrains calcaires. Ses feuilles donnent un ter- « reau plus abondant que celles de tout autre arbre, et on trouve « aussi dans ce pin l'avantage de fixer les sables et de leur don- « ner *l'humus nécessaire pour leur faire produire plus tard* « *d'abondantes récoltes*.... Une de ses propriétés précieuses est « de résister aux vents de mer, et de pouvoir être planté comme « abri pour les végétaux d'autres genres. »

Lorentz. — *Cours élémentaire de la culture des bois.*—Paris, madame Huzard, 1837.

Page 102. — « Il devient fertile à l'âge de 12 à 15 ans. »

N° 249. — « Le pin maritime est très-robuste dès sa nais- « sance. »

N° 251. — « Les racines de cet arbre sont nombreuses, for- « tes, et disposées à s'enfoncer dans le sol; *cette circonstance*, « *jointe à sa rapide végétation*, le rend très-propre à *fixer les* « *sables des dunes*. »

N° 252. — « La croissance du pin maritime est *remarqua-* « *blement prompte*; il acquiert de *fortes dimensions*. »

N° 253. — « Il est employé pour constructions civiles; « pilotis, étais, dans les chantiers de marine; échalas, plan- « ches, etc. »

Page 105, ligne 4. — « En outre, il fournit des produits rési- « neux d'une *importance incontestable*, tels que térébenthine, « brai, goudron, noir de fumée, etc. »

VÉTILLART (Marcelin).—*Observations pratiques sur la culture du pin dans le département de la Sarthe*, insérées dans les *Mémoires de la Société royale et centrale d'agriculture*.—Paris, 1835.

PAGE 334. — « Le pin maritime est cultivé depuis longtemps « dans les départements des Landes et de la Sarthe.

« Cet arbre est encore *peu répandu* dans le reste de la « France, où il pourrait être d'une grande utilité dans les ter- « rains incultes et les sables les plus arides. Une culture bien « entendue, facile et peu coûteuse, peut donner une grande « valeur à ses produits.

« J'écris les observations que j'ai faites pendant 15 ans de « culture, etc., etc. »

BALLET-PETIT.—*Essai sur la plantation et la culture des arbres verts.* — Troyes et Paris, 1837.

« Il n'y a rien d'exagéré dans ce tableau ; 30 ans d'expérien- « ces me le prouvent. Ainsi, avec une mise de fonds peu impor- « tante, un homme qui voudrait essayer une culture aussi agréa- « ble pourrait, après 30 années, qu'il aurait pu, en outre, « consacrer à une industrie particulière, trouver, par ce « moyen, un capital suffisant pour lui assurer une existence « honorable. »

ÉMILE BÈRES (du Gers).—*Des causes de l'affaiblissement du commerce de Bordeaux, et des moyens d'y remédier.*— Paris, 1835.

(Pag. 55.) « Les avantages de la colonisation des Landes de la « Gascogne sont si évidents, que je ne saurais les mettre en mo- « ment en question ; *et mon étonnement est grand, lorsque je « songe à tout le sang versé, à tous les trésors dépensés depuis « cinq cents ans pour conquérir au loin des terres, lorsque nous « laissons en friche les terres de la France.* Cette incurie est « surtout impardonnable de la part des Bordelais, qui négligent « par là la source la plus réelle de leur développement commer-

« cial et l'occasion certaine d'en assurer la perpétuité. Ils sem-« blent même envier en ce moment aux Marseillais les côtes d'Al-« ger et les déserts de l'Arabie ; mais n'ont-ils pas, eux aussi, à « visiter en trois journées les côtes de la riche Angleterre, et avec « cela, un vaste désert à leur porte, *et désert bien autrement « facile à féconder que celui qui touche à la rive africaine? et « là du moins le cri sauvage et le fer meurtrier du Bédouin ne « viendraient pas troubler la joie et suspendre à tout moment « les travaux du laboureur.*

« *La plupart de ceux qui se sont occupés des moyens d'amé-« liorer les Landes de Bordeaux ont mis en première ligne la « culture ; en second lieu, le boisement. Pour moi, j'interver-« tirai cet ordre, et je suis persuadé que les personnes qui con-« naîtront bien la nature des lieux, les ressources et les besoins « du pays, partageront cette opinion*. Voici les raisons sur les-« quelles je me fonde.

« Les départements pyrénéens ont assez de céréales pour que « l'on ne sente pas le besoin d'en étendre la culture; et l'on « n'ignore pas que c'est là le premier produit que l'on demande à « la terre nouvellement défrichée dans cette région de la France.

« D'un autre côté, il faut reconnaître *que le sol des Landes, « qui en général se compose d'un sable léger assis sur une « couche de tuf imperméable, plus ou moins épaisse, ne se « prêtera jamais que difficilement à une culture avanta-« geuse.*

« *La double récolte de seigle et de millet, obtenue aujour-« d'hui dans les cultures éparses çà et là, ne prouve rien en « faveur de la bonté de ce sol, bien que quelques écrivains « l'aient beaucoup vantée :* cela prouve seulement qu'ils ont « jugé superficiellement les choses et qu'ils n'ont pas vu que « cette fécondité, en effet fort extraordinaire, puisqu'elle se re-« nouvelle chaque année et sur le même sol, *était tout à fait « factice et uniquement produite par l'immense quantité de « fumier jetée sur un petit espace.* A ce prix, les rochers eux-« mêmes seraient féconds.

« La vérité est que les terres réellement propres au labourage

« dans les Landes de Bordeaux sont l'exception, et se trouvent « très-irrégulièrement répandues sur cette immense étendue. On « les trouve d'ordinaire le long des eaux courantes et près des « grands bassins qui bordent les côtes de l'Océan.

« En supposant même que toute la contrée située entre Bor-« deaux et Bayonne ne pût être appropriée à la culture, je ne « pense pas qu'il fût sage de recourir à ce seul expédient pour en « tirer parti. D'abord les hommes manqueraient, ensuite les « capitaux.

« Les hommes sans doute ne sont pas rares en France ; mais « il ne faut pas croire non plus qu'ils se déplaceraient facilement « au gré de ceux qui le désireraient et le croiraient utile. On a « quelquefois proposé, pour se débarrasser du trop-plein de la « population des villes, l'établissement de colonies agricoles ; « mais, je l'avoue, je ne puis partager les espérances de ceux « qui attendent de bons résultats de ce moyen. N'aurait-on pas « devant soi le triste sort des colonies belges et hollandaises, que « la raison seule et l'observation devraient dire quelle est la « destinée qui les attend partout où l'on en tentera l'essai.

« C'est qu'en effet les hommes des villes ne sont pas de la « trempe de ceux qui fécondent les campagnes. Pour les uns et « pour les autres c'est une autre marche, d'autre mœurs, une « action, une volonté différentes. Quelques mois suffisent à faire « un tisserand, un filateur, un ouvrier maçon ; il faut des années « pour faire un cultivateur, parce que chaque jour a son travail, « chaque végétal sa culture, chaque coin de terre ses qualités « particulières.

« L'obstacle des capitaux, sans être puissant, n'en est pas « moins réel. Pour toutes les opérations attachées à un aussi « vaste défrichement, il faudrait trois à quatre cents millions.

« *Le boisement présente de bien autres résultats.*

« Autant le sol des Landes, considéré dans sa généralité, est « peu favorable à la culture, *autant il offre des avantages sous « d'autres rapports. Les arbres verts, notamment le pin mari-« time, y croissent avec une merveilleuse facilité et presque « sans le concours de l'homme. Les sables les plus stériles ne*

« *sont pas rebelles à cette culture :* la partie même des sables « mouvants, que les vents transportent et agitent presque à « l'égal des flots de la mer, sont fixés par des semis habilement « dirigés. Le pin, à son tour, sert à de nombreux usages.

« La dépense du boisement ne s'élèverait qu'à un quart en- « viron de frais de culture.

« Pour donner une idée de la marche qu'il faudrait imprimer « à l'entreprise, je vais examiner les questions suivantes :

« Qui devrait coloniser ?

« Comment entrer en possession des terrains ?

« Quelle serait la dépense de l'un et de l'autre système de « colonisation ?

« Comment trouver les capitaux nécessaires et quelles se- « raient les conditions à imposer aux concessionnaires de la « colonisation ?

« L'exécution des canaux dans les Landes est-elle facile et « sûre ?

Qui devrait coloniser?

« Selon M. Deschamps, inspecteur général des ponts et chaus- « sées, et auteur d'un projet plein d'excellentes vues sur la cana- « lisation des Landes, leur étendue serait de 750 lieues carrées. « Ces Landes appartiennent à des particuliers, à des communes, « à l'État. Je mets pour le compte de ce dernier 500 lieues car- « rées ou bien un million d'hectares. Faut-il conclure de là que « c'est au gouvernement, comme absorbant les deux tiers de ce « grand désert, qu'il appartient de s'occuper de son défriche- « ment ? Non, telle n'est pas ma pensée. — Le gouvernement au « contraire me semble moins que personne propre à un travail « de cette nature, *qui exige si impérativement toute la sollici- « tude du père de famille, une surveillance active, une grande « intelligence des choses de détail, une connaissance des lieux « plus exacte que ne pourraient probablement l'avoir des « agents étrangers à la localité* et nommés par l'administra- « tion publique.

« Une grande association d'intérêts privés, d'intérêts borde- « lais surtout, est beaucoup plus propre à une pareille entre-

« prise. — Le gouvernement ne pourrait que gagner à l'aban-
« don, même gratuit, du terrain, car loin de lui être profitable,
« *il lui est à charge*, *puisque chaque année on dépense des*
« *sommes assez fortes pour opérer et étendre la fixation des*
« *Dunes*, et suffire à l'entretien de la route de Bordeaux à
« Bayonne, qui par cela même qu'elle traverse une région in-
« culte, entraîne d'énormes frais de transport et d'achat de
« matériaux.

« Le gouvernement d'ailleurs fît-il un sacrifice, qu'il en re-
« trouverait un jour la compensation dans l'augmentation des
« richesses de la France et l'accroissement de sa population.

Comment entrer en possession des terrains?

« Il ne faut pas se dissimuler que la mise en possession du
« terrain des Landes, aujourd'hui sillonné en tous sens et en
« toute liberté par des troupeaux nomades, n'éprouve des diffi-
« cultés. *Cependant si l'on sait s'y prendre*, *si l'on ne heurte*
« *point de front les intérêts qui se trouveront lésés*, *si l'on*
« *compense par des avantages positifs le dommage que l'on*
« *causera malgré toute précaution*, *si l'on donne quelque in-*
« *demnité pécuniaire aux communes pour élever leur maison*
« *d'école*, *leur mairie*, *leur presbytère*; si l'on fait aux parti-
« culiers pauvres quelques avances pour mettre en valeur leur
« ancienne ou leur nouvelle part du terrain; si, en procédant au
« bornage, *on ratifie*, *au lieu de les chicaner*, *les usurpations*
« *qui ne seront pas trop exorbitantes*, *des propriétaires riches*,
« rien ne sera plus aisé que de marcher rapidement à la coloni-
« sation.

Quelle serait la dépense de l'un et de l'autre système de colonisation?

« En opérant sur un million d'hectares, et en prenant le boi-
« sement pour agent principal de la colonisation, voici les ré-
« sultats où l'on arrive; résultats sans doute approximatifs,
« mais suffisants toutefois, puisque aujourd'hui il ne s'agit que
« de démontrer l'utilité de l'entreprise.

« Dans cette hypothèse, je suppose les neuf dixièmes du ter-« rain en plantation ou semis d'arbres ; le dernier dixième livré « à la culture. Sans exclure les autres essences, je ne mention-« nerai ici avec détail que le pin maritime et le peuplier, parce « que ceux-là sont d'une plantation facile, et que la réussite en « est assurée.

Frais de la partie boisée.

« Graine de pin maritime, à 20 kilogrammes « par hectare et à 1 fr. d'achat le kilogramme ; « pour 900,000 hectares.	18,000,000
« Travail d'ensemencement, à 10 fr. par hec-« tare, pour 900,000 hectares.	9,000,000
« Logements de cinq cents gardiens, à 1,000 fr. « par logement, pour cinq cents logements. .	500,000
« Achat et transport de neuf millions de peu-« pliers, à 1 fr.	9,000,000
« Logements de cinq cents manouvriers pour « l'entretien des semis et les éclaircir, à 1,000 fr., « pour cinq cents logements.	500,000
« Indemnités aux communes et avances aux « particuliers.	5,000,000
	32,000,000

Frais de la partie en culture.

« Défrichement de 100,000 hectares, partie « à la main, partie à la charrue, et clôture, « 200 fr. par hectare.	20,000,000
« Achat de semences diverses, fourrages, « engrais.	3,000,000
« Instruments, 1,000 fr. par ferme. . . .	1,000,000
« Animaux de travail et d'engrais, 3,000 fr. « par ferme.	3,000,000
« Bâtiments pour mille fermes de 100 hec-« tares, à 5,000 fr. chacune.	5,000,000

Report. . . .	32,000,000
« Nourriture et solde des travailleurs pendant « la première année, six personnes adultes par « ferme, à 500 fr. chacune.	3,000,000
« Indemnités aux communes et avances. . .	1,000,000
« Dépenses imprévues pour les deux parts. .	5,000,000
« Frais de la partie en culture. .	41,000,000
« Frais de la partie en bois. . .	32,000,000
« Total.	73,000,000
« Frais de canalisation d'après le plan de « M. Deschamps, à commencer dans quinze « ans.	23,000,000
« Routes et chemins.	14,000,000
« Total général. . .	110,000,000

« Je ne porte rien en compte pour le service des intérêts des « sommes dépensées, parce que je regarde qu'ils seront large- « ment couverts, ainsi que la solde des gardiens et des travail- « leurs, par le revenu des 1,000 fermes situées toutes dans les « meilleurs terrains et à portée des débouchés; 2° par le prix « des bois exploitables concédés par le gouvernement; 3° par « la vente des coupes opérées pour éclaircir les semis faits par « la compagnie concessionnaire. Jusqu'à l'âge de trente ans, on « peut faire quatre ou cinq éclaircies. Dans les parties favorable- « ment placées pour le transport, notamment dans le voisinage « de Bordeaux, cette opération sera la source d'un assez grand « bénéfice.

« Évaluation du million d'hectares colonisés, en prenant le « boisement pour agent principal, au terme de trente ans.

Valeur de la partie boisée.

« Valeur des 900,000 hectares en pin mari- « time, à 1,000 fr. l'hectare.	900,000,000

Report. . . .	900,000,000
« Peupliers à 20 fr., 9,000,000.	180,000,000
« 500 habitations de gardiens.	500,000
« 500 habitations de manouvriers. . . .	500,000
	1,081,000,000

Valeur de la partie en culture.

« Valeur des 100,000 hectares en diverses « cultures, 600 fr. l'hectare.	60,000,000
« Semences diverses, engrais, fourrages. .	3,000,000
« Instruments.	1,000,000
« Animaux de travail et d'engrais. . . .	3,000,000
Bâtiments de fermes.	5,000,000
« Valeur de la partie en culture. . .	72,000,000
« Valeur de la partie boisée. . . .	1,081,000,000
	1,153,000,000
« Valeur des canaux.	23,000,000
« Total général. . . .	1,176,000,000
« A déduire le montant des frais. . .	110,000,000
« Bénéfice net. . .	1,066,000,000

« Dans la seconde hypothese, celle ou la culture doit jouer le rôle principal, j'arrive aux calculs suivants:

Frais de la partie en culture.

« Défrichement de 900,000 hectares, partie « a la main, partie à la charrue, et dépense de clôture, 200 fr. par hectare.	180,000,000
« Achat de semences diverses, fourrages, engrais.	27,000,000

Report. . . .	207,000,000
« Instruments, 1,000 fr. par ferme. . . .	9,000,000
« Animaux de travail et d'engrais, 3,000 fr. « par ferme.	27,000,000
« Bâtiments de fermes, neuf mille à 5,000 fr. « chacune.	45,000,000
« Nourriture et solde des cultivateurs pen- « dant la première année, à 6 personnes adultes « par ferme, à 500 fr. chacune.	27,000,000
« Supplément de nourriture et de solde des « cultivateurs pour la seconde année, s'élevant « aux deux tiers de la première année (1). . .	18,000,000
« Id. pour la troisième, s'élevant au tiers « de la première année.	9,000,000
« Indemnités aux communes et avances aux « particuliers.	5,000,000
	347,000,000

Frais de la partie boisée.

« Graine de pin maritime à 20 kilogrammes « par hectare et à 1 fr. d'achat le kilo, pour 100,000 hectares.	2,000,000
« Travail d'ensemencement, à 10 fr. par hectare, « 100,000 hectares.	1,000,000
« Logements de cinquante gardiens, à 1,000 fr.	50,000
« Achat et transport d'un million de peu- « pliers.	1,000,000
« Logements de cinquante manouvriers pour « l'entretien des semis et pour les éclaircir. .	50,000

(1) Beaucoup de ces fermes occupant des terrains ingrats, il ne faut pas attendre dans cette catégorie les mêmes résultats et bénéfices que dans la précédente pour la partie cultivée.

Report. . . .	4,100,000
« Indemnités et avances aux communes. .	1,000,000
« Dépenses imprévues pour les deux parts. .	5,000,000
« Frais de la partie boisée. . . .	10,100,000
« Frais de la partie en culture. .	347,000,000
« Total.	357,100,000
« Frais de canalisation d'après le plan de « M. Deschamps, à faire sans retard. . . .	23,000,000
« Routes et chemins, id.	14,000,000
« Total général. . . .	394,100,000

« Le revenu immédiat serait sans doute, dans cette hypo-« thèse, plus fort que dans l'autre ; mais comme la mise en « dehors est aussi beaucoup plus forte, je ne porterai en recette « que la valeur du fonds même mis en culture. La valeur des « produits obtenus serait évidemment absorbée par les intérêts « du capital et les dépenses extraordinaires que nécessitera « forcément la mise en valeur d'un terrain en partie de mauvaise « nature, comme terrain de labourage.

« Évaluation du million d'hectares colonisés en prenant la « culture pour agent principal, au terme de trente ans.

Valeur de la partie en culture.

« Valeur des 900,000 hectares en diverses « cultures, 300 fr. l'hectare, bons et mauvais « terrains.	270,000,000
« Semences diverses, engrais, fourrages. . .	27,000,000
« Instruments.	9,000,000
« Animaux de travail et d'engrais. . . .	27,000,000
« Bâtiments de fermes.	45,000,000
	378,000,000

Valeur de la partie boisée.

« Valeur des 100,000 hectares en pin maritime, « à 1,000 fr. l'hectare.	100,000,000
« Peupliers à 20 fr., un million.	20,000,000
« Cinquante habitations de gardiens. . . .	50,000
« Cinquante habitations de manouvriers. . .	50,000
«Valeur de la partie boisée. . .	120,100,000
«Valeur de la partie en culture. .	378,000,000
	498,100,000
«Valeur des canaux. . .	23,000,000
« Total général. . . .	521,100,000
«A déduire le montant des frais. .	394,100,000
« Bénéfice net. . .	127,000,000

« Voilà les deux moyens de tirer parti des landes de la Gas- « cogne, l'opération étant considérée dans sa plus grande exten- « sion. Maintenant, pour épargner une trop grande dépense de « capitaux, voudrait-on la réduire à la moitié, au tiers même, « ce n'en serait pas moins une belle et sûre entreprise.

« Pour éviter le reproche même de la plus légère exagération, « j'ai voulu prendre pour base de l'appréciation des résultats à « obtenir les évaluations les plus minimes. C'est ainsi que je ne « porte la valeur de l'hectare de terre planté en pin maritime, « superficie et bois compris, qu'à 1,000 fr., au terme de trente « ans, ce qui ne suppose que 330 pieds d'arbres ne valant que « 3 fr. chacun. Assurément on ne court aucun danger de se « tromper, lorsqu'on n'élève ses espérances d'avenir qu'à d'aussi « modestes prétentions.

« Mais cela fait, je dois dire que ce serait aussi être injuste « envers le pays des Landes que de ne pas donner un aperçu

« des avantages variés qu'il peut donner, selon les probabilités « les plus ordinaires.

« Le pin maritime, que l'on peut appeler à bon droit la pro« vidence des pays sablonneux, se prête à des emplois excessi« vement variés, et promet dès lors un bien autre résultat que « celui que je viens d'assigner.

« Le pin très-jeune, et à l'état encore de plante herbacée, « sert de litière aux animaux, et améliore beaucoup les engrais. « A 10 ans, on l'emploie à former des clôtures et des échalas, et « cet article est d'une immense consommation dans tout le Bor« delais.

« A vingt ans on l'abat pour pilotis; et plus la navigation « fluviale s'améliorera, plus le pin maritime, qui pourrit diffi« cilement dans l'eau, sera recherché pour cet usage.

« Après vingt-cinq ans, on prépare le pin pour porter la ré« sine. La production française ne suffit pas toujours aux be« soins de ce produit, et à l'avenir elle le pourra bien moins en« core, puisque les premiers succès obtenus donnent à penser « que le gaz à la résine sera le meilleur et le plus économique « pour l'éclairage. Le débit de la résine, quelles que soient à « l'avenir les quantités produites, est donc assuré.

« Après qu'il a jeté la résine, le pin n'en est que meilleur pour « être converti en planches. La planche sert à la construction, « aux parquets, à soutenir les toitures, à l'emballage, à former « les doubles futailles, etc., etc. Le système des scieries à la mé« canique, mues soit par l'eau, soit par la vapeur, doit contri« buer aujourd'hui beaucoup à ce qu'on tire parti des forêts de « pins, que les difficultés de transport forçaient à négliger, « lorsqu'il fallait remuer le bois encore en grume. Lorsqu'on se « sert d'une machine à vapeur, ce sont les débris des arbres « abattus qui servent à la faire marcher; on comprend dès lors « tout l'avantage d'un pareil mode d'exploitation.

« Le goudron provient aussi du pin maritime. La marine en « consomme beaucoup et le demande souvent à l'étranger.

« Le pin maritime est souvent une précieuse ressource pour « la mâture. Un vieux préjugé fait donner la préférence aux pins

« du Nord; mais quelques expériences, qui ont parfaitement « réussi, commencent à faire croire que le pin des côtes de la « Gascogne peut bien valoir celui de Riga.

« Comme combustible, on connaît l'utilité du bois de pin ; « Bordeaux en consomme beaucoup, et en consommerait bien « davantage avec des voies de communication plus faciles.

« Enfin, mettant de côté tous ces usages du bois de pin, qui « ne laissent pas cependant que de lui promettre un vaste em- « ploi, nous avons à offrir la ressource sans limite de le conver- « tir en charbon : je dis sans limite, parce que, indépendam- « ment de la grande consommation que peut faire Bordeaux du « charbon des Landes lorsqu'il lui arrivera avec moins de frais, « soit pour les usages domestiques, soit pour certains arts, no- « tamment ceux de l'orfévrerie et de la chaudronnerie qui le « préfèrent à tous autres, il est encore, au sein même de ces « Landes, qu'on ne néglige autant que parce que véritablement « on n'en connaît pas les ressources, il est, dis-je, dans les « Landes, un minerai des plus riches, donnant un fer excellent, « et qu'on exploite à peine aujourd'hui, faute du combustible « nécessaire.

« Ce minerai, qu'on appelle dans le pays *mine en grain*, est « presque partout à la superficie du sol et se trouve disséminé sur « plusieurs points. On ne l'exploite en ce moment que fort gros- « sièrement et avec une grande dépense, puisque c'est à plusieurs « lieues et à dos de cheval qu'on va ramasser le charbon que les « paysans fabriquent dans leurs moments de loisir. On conçoit « alors tout l'avantage de la fabrication en grand du charbon « pour utiliser ce minerai à peu près perdu.

« Une argile, donnant d'excellentes briques réfractaires, se « trouve partout dans ces contrées, et aiderait puissamment à « créer un système de forges mieux entendu.

« Alors Bordeaux du moins ne manquerait plus du fer et de la « fonte qui rendent, par leur cherté, la construction de ses na- « vires coûteuse et difficile; et l'agriculture des environs, re- « duite aussi aux plus grossiers instruments, aurait moins de « sacrifices à faire pour s'améliorer.

« Mais le pin n'est pas la seule essence qui promette ici des « avantages. Le chêne qui, par les envahissements de la culture « et le besoin des pays vignicoles, devient de jour en jour plus « rare et son bois plus cher, ne se refuse pas à venir sur le sol « des landes. Si, dans le principe, il y croît lentement, une fois « qu'il est arrivé aux couches secondaires et qu'il y a pris racine, « il s'y développe avec une puissance de végétation qu'on a peine « à retrouver ailleurs. Les chênes robustes et séculaires que « l'on trouve dans les environs de la Teste, dans les forêts du « Maransin, dans les environs de Dax, de Mont-de-Marsan, de « Gabaret, de Lubon, de Maillas, c'est-à-dire sur les points les « plus opposés du désert dont j'étudie les ressources, servent à « prouver le parti que l'on peut retirer de cet arbre dont le dé- « bit est toujours assuré.

« A côté de lui, et non moins utile que lui, se présente le chêne « à liége ; si son bois a peu de prix, on connaît la valeur de son « écorce. Le terrain sablonneux est le sol favori de cet arbre. A « quelques lieues des grandes landes se trouve la preuve du suc- « cès que l'on peut se promettre de sa culture. L'arrondissement « de Nérac lui a consacré toutes ses terres légères, et c'est ce qui « fait sa plus grande richesse.

« Il est vrai que le chêne-liége est longtemps sans donner des « profits ; mais le moment de la récolte venu, rien ne peut se « comparer aux avantages qu'il procure. On a la ressource d'ail- « leurs de mélanger le pin et le chêne-liége, et d'exploiter le « premier pendant que le second complète sa croissance.

« Si, comme il est permis de l'espérer, le mûrier pouvait croître « dans une partie des landes, je verrais là une conquête dont je « ne saurais assigner la limite ; et c'est bien alors que les landes « seraient pour Bordeaux la poule aux œufs d'or.

« La variété de mûrier qui conviendrait à ce sol léger serait « probablement le mûrier-nain, que la Chine cultive plus parti- « culièrement, et dont elle retire d'immenses profits.

« Voilà ce que l'on pourrait, en fait de boisement, tenter et « espérer sur le vaste territoire des Landes. Quant à ce qui tient plus spécialement à la culture, je ne vois rien de ce qui fait la

« richesse de l'agriculture moderne qui ne pût également être « essayé et réussir. Selon les qualités du sol, parmi les céréales, « on choisirait le froment, le seigle, l'avoine, le maïs, le mil- « let; *parmi les plantes turberculeuses, la pomme de terre, la* « *betterave, la carotte;* dans la famille des légumineuses et des « plantes fourragères, le haricot, la lentille, le chou, le navet, « la luzerne, le trèfle, le sainfoin, etc., etc. Enfin à chaque lieu, « avec de l'intelligence, il serait possible d'assigner un produit, « et peu à peu de remplacer ainsi l'état de friche et de pauvreté « par le bienfait du travail de l'homme et le stimulant de la ri- « chesse; et cette terre, qu'un beau soleil éclaire aujourd'hui si « inutilement, serait un jour une province qui vaudrait bien une « colonie lointaine. Et cette conquête du moins serait faite sur la « nature sauvage, sans répandre notre or et notre sang; ni sys- « tème de commerce, ni guerres, ni naufrages, ni rivalités na- « tionales, ne viendraient en atténuer les chances favorables, en « jalouser le succès, en contrarier l'heureux essor.

« *Comment trouver les capitaux nécessaires, et quelles se-* « *raient les conditions à imposer aux concessionnaires?*

« S'il y avait à réaliser le projet de colonisation des Landes, « en prenant la culture comme agent principal, on aurait devant « soi une difficulté sérieuse : car où trouver près de 400 millions? « Mais, comme il est probable qu'on s'attachera au parti à la fois « le plus profitable et le moins coûteux, celui du boisement, il « n'est pas alors au-dessus des ressources du commerce de Bor- « deaux de réunir les moyens pécuniaires suffisants, surtout « lorsque ce parti permet de reculer sans inconvénient l'exécu- « tion des voies de communication, qui à elles seules entraînent « près d'un tiers de la dépense.

« Ce n'est pas seulement l'intérêt des personnes opulentes qui « se trouve engagé à tenter l'entreprise de la colonisation, mais « encore celui de la population entière de Bordeaux. Il n'est pas « dans cette cité un armateur, un négociant, un marchand, un « propriétaire, un industriel quelconque, qui ne trouvent un avan- « tage positif à ce qu'on tire un prompt parti de plusieurs cen-

« taines de lieues carrées qui n'ont donné jusqu'ici que quelques « quintaux de laine, un mauvais grain, un peu de résine. C'est « pour eux que la richesse se créerait, c'est par eux aussi qu'elle « s'échangerait au loin. La colonisation ne dût-elle même rien « produire en faveur des capitaux engagés dans l'entreprise, il « y aurait encore un immense avantage pour Bordeaux à l'avoir « tentée. Mais cette crainte, il ne serait pas raisonnable de la « nourrir. On peut au contraire sans danger se porter le garant « qu'il y aura bénéfice pour tout le monde, et sous tous les rap- « ports, dans le moment présent comme dans le plus lointain « avenir.

« Maintenant je dois dire un mot des bases sur lesquelles de- « vrait reposer une association telle qu'il la faudrait pour rendre « son œuvre sûre et aussi complète que son objet le comporte.

« Il faut le dire, nous ne sommes pas encore, en France, sur la « route qui conduit le mieux à son terme l'exécution des travaux « d'utilité publique confiés aux soins des particuliers. Tout en « croyant prendre la marche la plus expéditive, il se trouve au con- « traire que nous choisissons la plus longue, la plus embarrassée.

« Ainsi, qu'exigeons-nous d'un homme qui demande une con- « cession? des plans, un calcul de dépense, une évaluation de « bénéfice. Si les données paraissent assez bien exécutées et ap- « préciées, on concède et l'on ne songe pas que cet homme n'a « montré qu'un des éléments de la réalisation de son projet; qu'il « lui reste encore à trouver la condition presque toujours la plus « difficile, les capitaux. Le plus souvent même, ils sont moins « aisés à trouver, une fois que la concession a été faite. Car de « deux choses l'une : ou l'entreprise est très-bonne, et alors le « concessionnaire fait la loi aux capitalistes, et par là les éloigne; « ou elle est reconnue peu avantageuse, et alors c'est le tour des « capitalistes qui le traînent en longueur et arrivent ainsi à dé- « pouiller impitoyablement l'auteur d'un projet. D'autres fois, l'on « met de part et d'autre de l'opiniâtreté, et alors un projet utile « au pays est indéfiniment ajourné.

« Si l'on procédait comme on le fait en Angleterre et aux États-Unis, ce double abus n'arriverait pas. Là, on veut la

« preuve formelle que tous les moyens d'exécution sont réunis « et à la disposition soit de la personne, soit de la société postu- « lant le droit de concession. Aussi, dans ce pays, peut-on re- « garder un travail concédé comme un travail d'une sûre et pro- « chaine exécution ; et dès le lendemain de la concession, voit-on « le commencement de la mise en œuvre. On ne citerait peut- « être en Angleterre que l'entreprise du *tunnel* sous la Tamise « qui soit restée inachevée : et encore personne n'ignore que c'est « par suite de circonstances tout à fait extraordinaires. En France, « au contraire, nous avons non-seulement de nombreux travaux, « dont on a fait la concession, inachevés, mais encore en pour- « rions-nous citer plusieurs qui n'ont rien de commencé.

« Il faut nécessairement changer de système, car celui que « nous suivons est trop funeste au développement des intérêts « matériels du pays.

« Ainsi, pour arrêter un plan de colonisation qui puisse s'ef- « fectuer sans que rien vienne plus tard l'entraver, il faut qu'à « Bordeaux des hommes d'intelligence et haut placés se réunis- « sent, s'entendent, et, par des engagements formels, montrent « au gouvernement et aux chambres qu'ils sont en mesure de « mener à bonne fin la vaste opération dont ils sollicitent la con- « cession. A Bordeaux, d'ailleurs, se trouvent tous les éléments « d'une grande association : capacité, argent, patriotisme; déjà « même, depuis quelques années, cette belle cité s'est heureuse- « ment initiée au secret des travaux d'utilité publique, au moyen « du levier de l'esprit d'association. On lui doit un pont magni- « fique, un vaste entrepôt, des bains qui sont un véritable mo- « nument. En en combinant mieux les forces, ce sera bien autre « chose encore.

« Je ne dois pas, du reste, passer sous silence que depuis « quelques mois il s'est formé une société qui a pour but d'ex- « ploiter un des rayons des landes de Bordeaux, et qui déjà « commence l'œuvre. Malheureusement ses ressources sont limi- « tées à quelques millions, et elle n'opère que sur le terrain « compris entre le bassin d'Arcachon et le bourg de Mimizan, « près du port de la Teste.

« C'est, comme on le voit, n'occuper qu'un point dans l'es-
« pace; et, bien que ce point soit un des meilleurs qu'il y eût à
« aborder, il n'en est pas moins un théâtre d'opérations bien ré-
« tréci, et qui ne nous montre en jeu que des intérêts particu-
« liers et assez restreints, là où l'on est pressé de voir de grands
« efforts et une large pensée de nationalité.

« L'exemple de la nouvelle société peut être d'un heureux
« effet sur les populations voisines. Tout en reconnaissant que
« son plan paraît bien conçu, sagement étudié, et que ses béné-
« fices promettent d'être avantageux, disons qu'il y a mieux que
« cela à faire. Il faut, ou que cette société grandisse et étende
« ses vastes bras des rives de la Garonne à celles de l'Adour, et
« des bords de l'Océan aux limites des points civilisés, ou qu'il
« s'en forme une autre qui porte plus loin ses vues et réalise
« tout le bien à faire.

« *Par des travaux partiels, on mettra cinquante ans, cent*
« *ans, cinq cents ans peut-être, à faire ce que, par la force mer-*
« *veilleuse d'une vaste association et l'impulsion d'un vif*
« *sentiment de patriotisme, on peut accomplir sans peine en*
« *un quart de siècle.* »

Brémontier. — *Bulletin polymathique du Muséum d'instruction publique de Bordeaux.* (*Quinzième cahier, du* 15 *pluviôse an XII* — 5 *février* 1804.)

TRAVAUX DES DUNES.

Tableau des époques auxquelles on peut rapporter les différents degrés de l'avancement des ouvrages à faire pour la fixation et la fertilisation des dunes du golfe de Gascogne.

On suppose que le gouvernement accordera chaque année la somme de cinquante mille francs qu'il a promise, et qu'il abandonnera le produit des plantations jusqu'à l'entière perfection de l'entreprise.

D'après les diverses expériences que nous avons faites, nous avons lieu de croire que le prix réduit du journal d'ensemencement, compris les couvertures nécessaires pour empêcher le mouvement de ces sables, ne reviendra pas à plus de 25 francs ; ainsi, avec 50,000 fr. on pourra ensemencer 2,000 journaux (1).

Chaque journal, après vingt-cinq années de plantation, doit rapporter, surtout dans les dunes, où le pin vient beaucoup mieux que dans les meilleures terres connues, un produit net de 15 fr.

Suivant cette fixation, deux mille journaux doivent donner une somme de 30,000 fr.; supposons qu'elle ne soit que de 25,000 fr.,

Ou que le revenu d'un journal ne soit que de 12 fr. 50 cent. au lieu de 15 fr., les semis faits en l'an 10 rapporteront en l'an 35 une somme de 25,000 fr.

Quand je sollicitais les fonds nécessaires pour mes essais, j'évaluais, dans mon premier mémoire, la surface des dunes à ensemencer, déduction faite des allées nécessaires pour prévenir les effets des incendies, à environ 347,000 journaux bordelais,

Et la dépense à HUIT MILLIONS : nous avons reconnu depuis, d'après ces essais, que cette somme pouvait être réduite à cinq millions au plus.

C'est sur ces données que nous allons calculer nos résultats.

Il est évident qu'à raison de 50,000 fr. par an, le gouvernement aura fourni en l'an 35 une somme de . . 1,250,000 fr.

Que les semis faits en l'an 10 produiront à cette époque 25,000 fr. applicables à ces ouvrages, et qui, ajoutés aux 50,000 fr. à accorder par le gouvernement, formeront une somme de 75,000 fr.; que la dépense totale des ensemencements sera alors de. 1,350,000

(1) On doit observer que les premiers semis sur le bord de la mer reviendront à une somme beaucoup plus forte, à cause du très-grand éloignement des matériaux et des difficultés qu'on doit éprouver dans leur transport

En l'an 36, les semis faits en l'an 11 produiront également une somme de 25,000 fr., qui, avec les 25,000 fr. du revenu de l'année précédente et les 50,000 fr. à recevoir du gouvernement, donneront un total de 100,000 fr. à employer; la dépense entière des travaux s'élèvera à cette époque à. 1,425,000

Nous avons supposé que ces plantations ne donneraient aucune espèce de revenu pendant les vingt-cinq premières années.

Il est cependant très-vrai que l'on pourra tirer un parti très-avantageux des jeunes pins qu'on sera obligé de couper successivement pour l'éclaircissage des semis, surtout entre la pointe de Grave et le bassin d'Arcachon.

Tout ce qui ne sera pas nécessaire pour la construction des clayonnages ou des couvertures peut être utile à la culture des vignes, et vendu en conséquence.

On pourra jouir de ces avantages dès la sixième ou septième année, et l'expérience nous a démontré qu'à la seizième ou dix-septième année les pins qui doivent être extraits, et qui nuisent à la production de ceux qui doivent former l'atelier résineux, peuvent être taillés à mort pendant trois ans, et produire déjà un revenu assez considérable en résine; mais nous avons plutôt préféré de porter les dépenses aux taux les plus forts, que d'en exagérer les produits.

Nous allons mettre sous les yeux de ceux qui voudront prendre la peine de l'examiner un tableau de progression que nous venons d'établir, ainsi que celui des progrès successifs des ensemencements, depuis l'époque où ils se trouveront terminés jusqu'à celle où ils seront en plein rapport, fait par M. Brémontier, ci-devant ingénieur en chef des ponts et chaussées du département de la Gironde, et président de la commission des travaux des dunes, actuellement inspecteur général des ponts et chaussées.

TABLEAU des produits successifs des ensemencements des dunes, depuis l'an 57, époque à laquelle elles se trouveront entièrement fixées, jusques et compris l'an 81 qu'elles seront en plein rapport.

ANNÉES.	NOMBRE de journaux en rapport.	SOMMES annuelles des produits.	OBSERVATIONS.
57	46,000	575,000	On voit par ce tableau, qu'en l'an 81 on jouira complétement du revenu de la grande opération de la fixation des dunes. On peut la porter, sans trop d'erreur, à une somme de quatre à cinq millions par an. On ne sait pas s'il y a jamais eu en France de plus grande, de plus belle et de plus utile entreprise de ce genre.
58	48,000	600,000	
59	50,000	625,000	
60	53,000	662,500	
61	57,000	712,500	
62	62,000	775,000	
63	68,000	850,000	
64	75,000	937,500	
65	83,000	1,037,500	
66	92,000	1,140,000	
67	102,000	1,275,000	
68	113,000	1,412,500	
69	125,000	1,562,500	
70	138,000	1,725,000	
71	152,000	1,900,000	
72	167,000	2,087,500	
73	183,000	2,287,500	
74	200,000	2,500,000	
75	218,000	2,725,000	
76	237,000	2,962,500	
77	257,000	3,212,500	
78	278,000	3,475,000	
79	300,000	3,750,000	
80	323,000	4,037,500	
81	347,000	4,337,500	
Total des produits depuis l'an 57 jusques en l'an 81.		47,165,000	
A quoi ajoutant les produits de l'an 35 à l'an 56 exclusivement, rapportés dans le tableau ci-contre.		6,325,000	
On trouve pour produit total.		53,490,000	

TABLEAU

Des époques auxquelles on peut rapporter les différents degrés d'avancement des travaux à faire pour la fixation des Dunes.

ANNÉES.	SOMMES accordées par le gouvernement.	PRODUIT annuel des semis.	TOTAL des fonds à employer chaque année.	NOMBRE de journaux cusemencés.	TOTAL de journaux ensemencés.	MONTANT, A L'EXPIRATION DE CHAQUE ANNÉE,		
						des fonds accordés par le gouvernement.	du produit des semis.	TOTAL des ensemencements.
10	50,000		50,000	2,000	2,000	50,000		50,000
11	50,000		50,000	2,000	4,000	100,008		100,000
12	50,000		50,000	2,000	6,000	150,000		150,000
13	50,000		50,000	2,000	8,000	200,000		200,000
14	50,000		50,000	2,000	10,000	250,000		250,000
15	50,000		50,000	2,000	12,000	300,000		300,000
16	50,000		50,000	2,000	14,000	350,000		350,000
17	50,000		50,000	2,000	16,000	400,000		400,000
18	50,000		50,000	2,000	18,000	450,000		450,000
19	50,000		50,000	2,000	20,000	500,000		500,000
20	50,000		50,000	2,000	22,000	550,000		550,000
21	50,000		50,000	2,000	24,000	600,000		600,000
22	50,000		50,000	2,000	26,000	650,000		650,000
23	50,000		50,000	2,000	28,000	700,000		700,000
24	50,000		50,000	2,000	30,000	750,000		750,000
25	50,000		50,000	2,000	32,000	800,000		800,000
26	50,000		50,000	2,000	34,000	850,000		850,000
27	50,000		50,000	2,000	36,000	900,000		900,000
28	50,000		50,000	2,000	38,000	950,000		950,000
29	50,000		50,000	2,000	40,000	1,000,000		1,000,000
30	50,000		50,000	2,000	42,000	1,050,000		1,050,000
31	50,000		50,000	2,000	44,000	1,100,000		1,100,000
32	50,000		50,000	2,000	46,000	1,150,000		1,150,000
33	50,000		50,000	2,000	48,000	1,200,000		1,200,000
34	50,000		50,000	2,000	50,000	1,250,000		1,250,000
35	50,000	25,000	75,000	3,000	53,000	1,300,000	25,000	1,325,000
36	50,000	50,000	100,000	4,000	57,000	1,350,000	75,000	1,425,000
37	50,000	75,000	125,000	5,000	62,000	1,400,000	150,000	1,550,000
38	50,000	100,000	150,000	6,000	68,000	1,450,000	250,000	1,700,000
39	50,000	125,000	175,000	7,000	75,000	1,500,000	375,000	1,875,000
40	50,000	150,000	200,000	8,000	83,000	1,550,000	525,000	2,075,000
41	50,000	175,000	225,000	9,000	92,000	1,600,000	700,000	2,300,000
42	50,000	200,000	250,000	10,000	102,000	1,650,000	900,000	2,550,000
43	50,000	225,000	275,000	11,000	113,000	1,700,000	1,125,000	2,825,000
44	50,000	250,000	300,000	12,000	125,000	1,750,000	1,375,000	3,125,000
45	50,000	275,000	325,000	13,000	138,000	1,800,000	1,650,000	3,450,000
46	50,000	300,000	350,000	14,000	152,000	1,850,000	1,950,000	3,800,000
47	50,000	325,000	375,000	15,000	167,000	1,900,000	2,275,000	4,175,000
48	50,000	350,000	400,000	16,000	183,000	1,950,000	2,625,000	4,575,000
49	50,000	375,000	425,000	17,000	200,000	2,000,000	3,000,000	5,000,000
50	50,000	400,000	450,000	18,000	218,000	2,050,000	3,400,000	5,450,000
51	50,000	425,000	475,000	19,000	237,000	2,100,000	3,825,000	5,920,000
52	50,000	450,000	500,000	20,000	257,000	2,150,000	4,275,000	6,425,000
53	50,000	475,000	525,000	21,000	278,000	2,200,000	4,750,000	6,950,000
54	50,000	500,000	550,000	22,000	300,000	2,250,000	5,250,000	7,500,000
55	50,000	525,000	575,000	23,000	323,000	2,300,000	5,775,000	8,075,000
56	50,000	550,000	600,000	24,000	347,000	2,350,000	6,325,000	8,675,000
	2,350,000	6,325,000	8,675,000	347,000				

férents degrés d'avancement des
des Dunes.

MONTANT, A L'EXPIRATION DE CHAQUE ANNÉE,		
des fonds accordés par le gouvernement.	du produit des semis.	TOTAL des ensemencements.
50,000		50,000
100,008		100,000
150,000		150,000
200,000		200,000
250,000		250,000
300,000		300,000
350,000		350,000
400,000		400,000
450,000		450,000
500,000		500,000
550,000		550,000
600,000		600,000
650,000		650,000
700,000		700,000
750,000		750,000
800,000		800,000
850,000		850,000
900,000		900,000
950,000		950,000
1,000,000		1,000,000
1,050,000		1,050,000
1,100,000		1,100,000
1,150,000		1,150,000
1,200,000		1,200,000
1,250,000		1,250,000
1,300,000	25,000	1,325,000
1,350,000	75,000	1,425,000
1,400,000	150,000	1,550,000
1,450,000	250,000	1,700,000
1,500,000	375,000	1,875,000
1,550,000	525,000	2,075,000
1,600,000	700,000	2,300,000
1,650,000	900,000	2,550,000
1,700,000	1,125,000	2,825,000
1,750,000	1,375,000	3,125,000
1,800,000	1,650,000	3,450,000
1,850,000	1,950,000	3,800,000
1,900,000	2,275,000	4,175,000
1,950,000	2,625,000	4,575,000
2,000,000	3,000,000	5,000,000
2,050,000	3,400,000	5,450,000
2,100,000	3,825,000	5,920,000
2,150,000	4,275,000	6,425,000
2,200,000	4,750,000	6,950,000
2,250,000	5,250,000	7,500,000
2,300,000	5,775,000	8,075,000
2,350,000	6,325,000	8,675,000

M. LE COMTE DE PUYSÉGUR. — *Projet d'association pour l'ensemencement d'une forêt dans la commune de Saucats, canton de la Brède, arrondissement de Bordeaux.* (*Bordeaux*, 1837.)

Page 3..... « Et d'abord, le sol des Landes est propre à la « culture des arbres, et notamment du chêne et du pin ma- « ritime.

« Ces deux essences sont indigènes dans les Landes; elles « sont pour l'habitant de ces déserts une mine précieuse que la « Providence a voulu lui donner pour l'indemniser des priva- « tions que lui procurent *son champ rebelle à la culture*, *son* « *isolement de la vie confortable des autres provinces*, *et* « *l'espèce d'ilotisme auquel il semble avoir été condamné jus-* « *qu'à ce jour.*

« Le pin maritime est tellement approprié à la nature du sol « des Landes, que, partout où les troupeaux n'ont point péné- « tré, on trouve des pins que la main de l'homme n'a point se- « més, qui sont loin des bois et des habitations, et qui n'ont pu « venir que des semences apportées par le vent.

« Il en est de même du chêne-rouvre que l'on trouve par « bouquets en rase lande à deux et trois lieues des habitations; « de sorte que l'on peut dire que sans le funeste système du par- « cours et de la vaine pâture, sans le pacage de ces brebis tou- « jours affamées qui couvrent ces tristes bruyères, la plus grande « partie de ces plaines épaves et monotones seraient naturelle- « ment peuplées de bois précieux pour les constructions et pour « le chauffage.

« Les sables les plus arides suffisent à la végétation du pin; « partout il croît avec abondance et rapidité, partout il résiste « aux intempéries de l'atmosphère. Il vit au delà de cent ans, « et pendant un siècle il peut fournir à son maître un revenu cer- « tain qui n'a coûté ni soins ni dépenses.

« Aussi les propriétaires des Landes le considèrent-ils comme « la base de leur fortune et leur seule ressource pour l'établisse- « ment de leurs enfants.

« Il est donc prouvé que le sol des landes convient parfaite- « ment à la culture du chêne et du pin maritime, et une longue

« étude de ce pays *nous oblige à ajouter que généralement il* « *n'est propre qu'à cette culture.*

« *Que dans des écrits de cabinet on nous parle de créer dans* « *les landes de Bordeaux des fermes modèles, des prairies* « *naturelles et artificielles; d'établir des sucreries de betteraves,* « *et d'introduire ces belles innovations agricoles et indus-* « *trielles qui doivent enrichir leurs auteurs, tous ces rêves* « *brillants partent d'un sentiment bien louable, sans doute,* « *mais nous craignons que ce ne soit que des rêves, et nous* « *faisons des vœux pour leur réalisation.*

« M. le comte de Puységur ne propose rien d'extraordinaire, « rien de hasardeux, rien de difficile à exécuter. Guidé par « une expérience pratique de quarante années d'études et d'es- « sais de diverses cultures dans les Landes, il veut tout simple- « ment défricher environ 7000 journaux de terre, y semer des « glands et de la graine de pin, entourer les semis de larges « fossés, planter des arbres sur les douves, en un mot, *faire* « EN GRAND *ce que font* EN PETIT *tous les bons pères de famille* « *dans les Landes, en semant des pins pour leurs enfants,* « *parce que, disent-ils*, QUI A PINS, A FORTUNE. »

Page 4..... « Il en est autrement du bois considéré comme « moyen de chauffage, de construction et d'échalassement, ou « comme producteur de résine.

« Depuis quarante ans, la production de cette denrée a di- « minué d'une manière effrayante dans le département de la Gi- « ronde ; on a défriché les taillis, on a abattu les forêts, et rare- « ment on a pensé à la multiplication des bois. Aussi la production « n'est-elle plus en rapport avec les besoins; le prix augmente « progressivement, et, tributaires de l'étranger pour les bois de « construction, nous le devenons aussi des départements voisins « pour le bois de chauffage. »

Page 5..... « Cette forêt (celle dont on propose l'ensemence- « ment) fournirait d'abord une immense quantité d'échalas (ou « œuvres) pour la vigne; plus tard, du faissonat de chêne, du « bois de corde, de la bûche de pin, des chevrons, de la *caras-* « *sonne*, et successivement des bois de charpente, des planches,

« des matières résineuses; et après tous ces éclaircissages an-
« nuels, elle resterait complantée d'arbres qui, croissant pen-
« dant un siècle, auraient une valeur inappréciable, eu égard à
« leur situation. »

Page 6..... « Il faut observer d'ailleurs que les usines de fer « établies dans les grandes Landes absorbent en charbon tous les « bois qui sont produits dans leur voisinage. Les forges de Lugo « et Beliet, les plus rapprochées de Bordeaux, consument les « pignadas des communes de Salles, Mios, Lugo, le Barp, Be- « liet, Belin et les environs. Les nouveaux semis fourniront à « peine pour leur roulement annuel; et le propriétaire de pins « aura toujours plus d'avantage à approvisionner ces usines qu'à « envoyer à Bordeaux les produits de ses bois, en parcourant « de grandes distances qui lui feraient perdre ses bénéfices. »

Page 7..... « Ce que nous venons de dire pour les *œuvres* « de vigne et pour la bûche de pin s'applique également aux « bois de construction, aux arbres pins et chênes, aux planches « et aux matières résineuses. Tous ces produits deviennent rares « et augmentent de valeur.

« En 1820, un arbre pin de 50 ans valait, à Salles, 1 fr., pris « sur place. Aujourd'hui il vaut 5 et 6 fr.; et à Saucats, sur le « chemin bordant la grande route, il vaudrait trois fois plus.

« En 1836, M. le comte de Puységur a vendu aux entrepre- « neurs du pont de Cubzac 300 pins pris à Salles, sur pied, 15 fr. « pièce, de la dimension de 40 à 45 pieds de hauteur. Ces arbres, « rendus à Cubzac, ont dû coûter trois fois le prix d'achat; et « s'ils avaient été dans la situation de notre forêt, ils auraient « donné 25 fr. chacun au vendeur. »

Page 8..... « Mais avant d'établir les preuves de ces béné- « fices, il convient d'indiquer la méthode qu'on emploie dans « les Landes pour l'ensemencement des forêts de chênes et sur- « tout de pins, de faire le calcul des frais de cette opération, et « de voir ce qu'elle rapporte annuellement au propriétaire.

« Cette narration fidèle étant faite, nous appliquerons cette « même méthode et ces mêmes calculs à l'ensemencement de la « forêt Puységur, et, procédant ainsi du connu à l'inconnu, nous

« verrons les immenses résultats à obtenir de cette spéculation « séculaire.

« Le défrichement du terrain consiste ordinairement à retour- « ner à la houe les gazons des plantes parasites (ce qu'on ap- « pelle trétiner la terre).

« Lorsque le sol le permet, il serait peut-être plus éco- « nomique d'employer la charrue pour ce défrichement. « Nous en avons fait nous-mêmes l'épreuve qui a parfaitement « réussi.

« On sème ensuite, en saison convenable, 1/4 d'hectolitre de « graine de pin par journal, et l'on couvre légèrement la se- « mence avec la herse, ou plus simplement avec un fagot de « ronces ou ajoncs épineux que l'on promène sur la surface du « terrain ensemencé.

« Nous parlerons plus tard de l'ensemencement des chênes.

« Voici l'état de la dépense pour semer un journal :

		fr.	c.
« 1° Frais de défrichement à la houe		20 fr.	00 c.
« 2° 1/4 d'hectol. gr. de pin	Elle vaut année commune 30 fr. l'hectolitre.	7	50
« 3° Ensemencement et hersage		5	
« Montant de la dépense pour un journal . .		32 fr.	50 c.

« Voyons maintenant ce que va rapporter au propriétaire ce « journal ensemencé, lorsqu'il se trouve rapproché des vigno- « bles, par exemple à Saucats.

« La huitième année révolue après le semis, on commence « l'éclaircissage, et on tire de ce journal deux milliers d'œuvres « pour la vigne.

« Ces œuvres valent ordinairement, aux environs de Bordeaux, « 28 à 30 fr. le millier.

« Deux milliers d'œuvres à 28 fr.		56 fr.
« Dont il faut déduire :		
« 1° Façon d'extraction, à 5 fr. le millier. .	10 fr.	26
« 2° Le transport aux vignobles, à 8 fr. . . .	16	
« Reste net pour deux milliers d'œuvres		30 fr.
« A la dixième année on répète le même éclaircissage « qui produit le même résultat		30

« et ainsi de suite jusqu'à vingt ans; de sorte que, après les « deux premiers éclaircissages, le propriétaire est à couvert de « ses avances, du revenu de son capital depuis le jour du semis, « et que pendant dix ans de suite il tire de ce journal, et chaque « année, un produit d'une valeur égale à sa mise de fonds.

« Lorsque les produits de l'éclaircissage ont une dimension « trop forte pour servir de tuteurs à la vigne, on les exploite en « bois de corde et en carassonne commune jusqu'à l'âge de « vingt-cinq ans.

« A vingt-cinq ans, l'éclaircissage fournit des chevrons de « charpente, de la carassonne et de la bûche de pin, et l'on arrive « ainsi à la trentième année, époque où le terrain reste peuplé « d'environ 200 arbres, en les supposant espacés à 25 pieds l'un « de l'autre.

« A 30 ans, l'arbre commence à (gémer) donner la résine.

« Les 200 arbres de ce journal rapportent en résine 7 centimes « 1/2 par arbre au propriétaire, ce qui fait, pour un an, un re- « venu de 15 fr.

« Dans le voisinage de Bordeaux, un arbre pin de 30 ans vaut « au moins 1 fr. 50 c. sur place.

« Les 200 arbres valent donc . . . . 300 fr.

« Mais il convient de les éclaircir encore, de manière qu'à « l'âge de 40 ans il n'y ait que 150 arbres par journal :

« A 40 ans, un pin vaut, à Saucats.	3 fr.
« A 50 ans.	4
« A 60 ans	6
« Et de 80 à 100 ans, il vaudrait.	10

« bien entendu que nous parlons des pins pris en masse et non « pas choisis, car, au choix, le prix est double de l'estimation « ci-dessus.

« Ainsi, un journal de pins complanté de 150 arbres bien em- « ménagés vaut en ce moment :

« A l'âge de 30 ans	300 fr.
40 ans	450
50 ans	600
60 ans	900

« Et de 80 à 100 ans 1500
« non compris la valeur du terrain qui s'est amélioré de tous les « détritus des végétaux dont il a été annuellement couvert pen- « dant ce laps de temps.

« Résumons tous ces calculs.

« Le propriétaire qui sème un journal de pins aux environs « des vignobles de Bordeaux avance, pendant huit à dix ans, « un capital de 32 fr. 50 cent., non compris la valeur du ter- « rain, ci. . . . . 32 fr. 50 c.

« A quoi il faut ajouter :

« 1° L'intérêt de ses avances à 5 pour cent « pendant huit ans. 13

« 2° Pour contributions, frais de garde et « autres, soit 4 50

« Total de ses avances en capital et intérêts. . 50 fr.

« A la fin de la dixième année il a reçu 60 fr. qui le couvrent « et au delà de sa mise de fonds, et depuis la onzième jusqu'à « la vingtième année il perçoit un revenu égal à son capital « déjà couvert ; c'est-à-dire que, dans l'espace de dix ans, « il aura reçu une somme nette de 300 fr. pour 50 fr. avancés.

« Si ce propriétaire a la prévoyance de bien emménager son « *pignada*, et de le laisser croître pour sa famille, à trente ans « il a un capital de 200 arbres qui vaudront 300 fr. et un re- « venu en résine, à 5 p. 0/0, de 15 fr.

« Il éclaircira encore son journal de 50 arbres, et il en restera « 150 qui pourront croître et donner du revenu jusqu'à cent ans, « et alors ces 150 arbres vaudraient 1500 fr.

« Ces calculs n'ont rien d'hypothétique ; ils sont le simple ex- « posé des procédés suivis de temps immémorial et des résultats « qu'on en obtient infailliblement quand on a les moyens d'at- « tendre et la constance d'un siècle pour arriver au but.

« Supposons que le journal de pins soit abattu à l'âge de « trente ans, l'entreprise aura été commencée et terminée du « vivant du propriétaire.

« Et il nous semble qu'il aura fait une bonne affaire ; car, à

« cette époque, son journal lui aura produit au moins 1000 fr. « pour 50 fr. qu'il aura avancés, et le terrain lui restera pour « recommencer son opération.

« Pour vérifier ces calculs, que l'on consulte les propriétaires « des Landes qui ont semé des pins aux environs de Bordeaux, ils « les appuieront de leur témoignage. »

Page 15..... « Pour preuve de l'accroissement de ce re- « venu, nous articulons qu'à Salles 25,000 pins donnent à « M. le comte de Puységur cinq mille francs de revenu net.

« Encore une fois, il n'y a rien d'outré dans ces calculs; nul « doute que 7,000 journaux de pins de 30 ans à 40 ans ne con- « tiennent un million d'arbres, puisqu'à ce nombre chaque « arbre se trouve espacé de plus de six toises (ce qui ne se voit « pas dans les Landes), et, d'un autre côté, on ne peut contester « qu'un pin de 80 à 100 ans, à trois lieues de Bordeaux, vaut « 10 fr. sur pied. »

Page 16..... « Ce n'est pas une de ces entreprises retentis- « santes par les millions qu'on y consacre. C'est une affaire de « pères de famille, simple dans son exécution et solide dans « son avenir; elle est assise sur le sol, obéissant sans secousses « aux lois de la végétation, passant par tous les âges de la « croissance et de la décrépitude, et fournissant toujours des « revenus que l'on trouve rarement dans toute autre opération « agricole.

« Nous avons dit que la création d'une forêt était une œuvre « séculaire; nos calculs ont prouvé les grands avantages qu'il y « aurait à laisser à cette forêt le temps de parcourir le cercle de « sa végétation. Il faut donc qu'elle ait les chances de durée con- « venable, et pour cela il faut établir en sa faveur le principe « d'inaliénabilité pendant une période de temps convenue. Il faut « créer une administration qui ait des règles sûres et à l'abri « des éventualités de la vie d'un individu.

« Or, un père de famille ne peut rien faire de semblable. Il « ne peut obliger ses successeurs à suivre ses projets et à con- « tinuer son ouvrage. Il ne peut les contraindre à rester dans « l'indivision, et attendre que les arbres qu'il aura plantés soient « arrivés au plus haut degré de leur valeur.

« A sa mort, son administration, ses projets, ses combinai-« sons, ses bonnes méthodes, tout meurt avec lui. Ses héritiers « ont le droit d'user et d'abuser; leur position n'est plus iden-« tique avec celle de leur auteur: le partage s'opère, et chaque « membre de l'hérédité gère, comme il l'entend, la part qui lui « est échue.

« Anciennement les couvents et les congrégations religieuses « étaient cet être moral sur lequel la mort ne pouvait rien. Les « individus disparaissaient, mais leurs remplaçants continuaient « leurs ouvrages suivant les règles prescrites; et c'est ainsi qu'ils « étaient parvenus à la formation des forêts que nous devons à « leur constance et à leur sage administration.

« Aujourd'hui, cet être moral qui survit aux individus, c'est « une société ou une agrégation d'hommes qui tiennent de nos « lois le droit d'acquérir en commun un immeuble, de fixer des « règles d'administration pour gérer leurs intérêts, d'arrêter des « conditions pour l'avenir, et de déclarer *l'immeuble social, ina-« liénable* pendant un laps de temps convenable à sa prospérité, « en transformant d'une manière fictive cet immeuble en ac-« tions qui deviennent meubles et négociables dans les mains « des associés.

« Telle serait la société que M. le comte de Puységur veut for-« mer, pour mettre son entreprise à l'abri des accidents de la vie « d'un homme. »

M. le vicomte de Métivier. — *Agriculture et défrichement des landes.*

Page .. « Le sous-sol de ces landes est imperméable et con-« serve l'eau comme un vase; la terre de la surface, la seule « qui soit végétale, noyée par les eaux qui n'ont pu trouver d'is-« sue dans l'intérieur de la terre, n'a pas le calorique naturel « nécessaire à la bonne végétation.

« Les chaleurs de l'été ou celles quelquefois prématurées du « printemps ou prolongées de l'automne arrivent-elles, cette « même surface est brûlée en peu de temps, ainsi que tout ce « qu'elle produit, l'air ayant de suite absorbé l'humus qu'elle « peut contenir, qui n'est pas renouvelé par l'humidité de l'in-« térieur de la terre; car l'humidité ainsi que la chaleur de l'at-

« mosphère, n'étant pas condensées par celles de l'intérieur de « la terre, puisque la couche de tuf ou d'argile, placée comme « une cloison, en intercepte les communications, *on n'obtiendra « de bonnes récoltes, dans ces landes défrichées pour la cul« ture des grains, qu'accidentellement et à force de travaux « et d'engrais.* »

M. LE BARON DE MORTEMART DE BOISSE. — *Voyage dans les landes de Gascogne.* — *Paris*, 1840.

« Je ne crains pas de le dire à tous les pères de famille qui « s'occupent de la fortune à venir de leurs enfants: ils doivent « recourir à la puissance de l'association pour leur assurer les « grands avantages du boisement sur les dunes; une compagnie « ayant des capitaux considérables, peut boiser avec beaucoup « de succès et servir des intérêts qui seraient bientôt remboursés « par les immenses résultats de ses travaux.

« Ces résultats sont infaillibles en achetant à vil prix les du« nes, les landes dédaignées des bords de l'Océan, les pâtures « communales dont on ne tire aucun parti, avant que leur va« leur soit appréciée et les prix en rapport avec les terres « de la Grave et celles des alentours de Bordeaux. Ils ne peu« vent être douteux, si l'on entoure de hauts fossés d'écoulement « les terrains plats, et si l'on sème, par les nouveaux procédés « économiques, ces dunes, ces landes, ces sables en pins mari« times, dans les localités convenables, et en bois feuillus dans « les lieux où ces essences sont naturellement indiquées. »

Page 77.... « Je me suis peut-être un peu étendu sur la « question forestière, et me suis peut-être un peu trop rappelé « que la dénomination de la Gaule en Celtique ne voulait dire « autre chose qu'un pays couvert de bois; mais je dois avouer « que, de toutes les cultures, celle des bois m'a toujours été la « plus affectionnée : *Je dois dire aussi que je considère le boi« sement des dunes et des landes incultes que j'ai visitées « comme la base la plus certaine de la richesse future des dé« partements de la Gironde et des Landes.* L'opération du boi« sement des dunes sera lucrative pour les planteurs, utile pour « l'État et providentielle pour ces départements. »

ANALYSE

DES OPINIONS PRÉCÉDEMMENT CITÉES DANS CET APPENDICE.

MM. Delamare, Duhamel-Dumonceau, Baudrillart, Mauny de Mornay, Lorentz, Vetillar (Marcelin) et Baillet-Petit se sont renfermés dans des généralités sur la culture des diverses espèces de pins, ou bien n'ont traité de cette culture que pour des contrées plus peuplées que celles des landes, et où les produits des éclaircies, tels que les *bourées* et les fagots, trouvent un moyen d'écoulement par la consommation locale. Aucun de ces auteurs n'a fait ressortir les avantages de cette culture forestière par la production de la résine, parce que, comme nous l'avons dit (pages 3 et 4) les pins que l'on cultive en France ne donnent de produits résineux, abondants et variés, que dans les landes de Gascogne.

Tout ce qu'ils ont dit dans ces généralités sur l'économie, le prompt développement de cette culture et la facilité de l'obtenir sur les sols les plus ingrats, est conforme, en tous points, aux enseignements et aux principes que nous avons développés, et qui sont ainsi confirmés par une masse de témoignages irrécusables.

Quant aux bois des éclaircies, qui forment un des éléments principaux de leurs appréciations, nous avons suffisamment expliqué qu'il n'y a que le littoral des landes, qui confine à des pays peuplés ou à des vignobles, qui puisse consommer utilement les bois provenant des éclaircies. Cette exception, comparativement à la vaste étendue des landes, est même d'une si minime importance, que dans le boisement des landes de la Gascogne ces éclaircies ne peuvent qu'être onéreuses, puisque les produits qu'on en obtiendrait ne compenseraient pas les frais qu'elles exigeraient.

Mais si la culture du pin dans les landes de la Gascogne ne donne pas de produits tels que les fagots, les bourées et le bois mort, cette perte est amplement compensée par le prompt et grand développement des arbres, et surtout par les résines qu'ils produisent dès la vingt-cinquième année, produits que nous avons évalués après cet âge (pag. 12) à 10 centimes par arbre. Ce qui donne, pour 500 arbres par hectare, un produit annuel de 50 francs.

MM. Deschamps, Billaudel, Émile Bères, Brémontier, de Puységur, de Métivier et de Mortemart de Boisse, s'étant plus spécialement occupés de la culture des pins dans les landes de la Gascogne, nous allons faire ressortir, par une comparaison de leurs opinions avec les nôtres, les points principaux sur lesquels nous sommes parfaitement d'accord, et quelques détails sur lesquels nous différons d'avis.

MM. Deschamps et Billaudel, écrivant sur les landes par rapport aux grandes questions de travaux publics, ne pouvaient entrer dans des détails de culture ; ils se sont bornés à présenter des résultats calculés avec des éléments dont ils ont supprimé la nomenclature ; mais personne ne supposera que ces deux hommes si éminents aient fait des fautes d'addition, ou se soient abusés sur la valeur des choses. Il faut donc tenir comme exact tout ce qu'ils ont dit sur les avantages de la culture des pins dans les landes de la Gascogne.

M. Émile Bères a écrit sur les landes de la Gascogne avec intelligence, et surtout avec cette puissante certitude qu'ont les habitants d'un pays appelés à rendre compte de ses produits ; guidés par leurs propres yeux, leur expérience et leur pratique des choses, ils mettent dans leurs récits beaucoup plus d'exactitude et de véracité que n'en mettent dans leurs PUFFS et leurs RÉCLAMES, les rédacteurs de prospectus et LES MONNAYEURS DE PAPIER-ACTIONS, ces monnayeurs fussent-ils des barons de haut lignage ou des académiciens des quatre facultés.

Eh bien, que dit M. Bères à l'encontre des romanciers ou des exploiteurs qui ont écrit sur les landes ?... « *Que la culture* « *forestière est la seule qu'on puisse y tenter à peu de frais et* « *avec une certitude complète de succès.* » Car (voyez ses tableaux, page 96 et suivantes de cet écrit) il faudrait, pour la mise en culture des landes dans les proportions suivantes : 900,000 hectares en culture forestière et 100,000 hectares en culture de champs, une somme de 72,000,000 francs ; tandis que si on prenait la culture des champs pour base principale, ne laissant pour la culture forestière que 100,000 hectares, la dépense s'élèverait à 357,000,000 francs, plus du quart de notre gros et dodu budget national, soit, sous un autre rapport, la sixième ou septième partie de tout le numéraire qu'il y a en France.

Veut-on savoir quels seraient définitivement les résultats dans ces deux hypothèses ? Dans la première, M. Bères porte pour une somme de 378,000,000 francs la valeur des 900,000 hectares de landes mis en cultures arables, des semences, des instruments, des animaux de travail, des bâtiments de fermes ; à quoi ajoutant la valeur des 100,000 hectares affectés à la culture forestière, on aurait pour résultat final 478,000,000 francs pour lesquels il aurait fallu dépenser 357,100,000 francs !

Que si, au contraire, on ne consacrait que 100,000 hectares à la culture des champs, et les 900,000 hectares restant à la culture forestière, la dépense totale de mise en culture ne serait que de 73,000,000 francs, et la valeur du million d'hectares mis en culture serait de 1,153,000,000 francs.

Nous avons souligné, dans les citations que nous avons empruntées à cet auteur, tous les points sur lesquels nous devions nous rencontrer (comme habitants de ce pays), parce qu'il est impossible qu'il y ait divergence d'appréciation pour des faits aussi matériels que ceux qui étaient l'objet de nos investigation. Que M. Bères nous permette cependant, sans prétendre infirmer le mérite de son écrit sur les landes, de lui signaler une contradiction dans laquelle il s'est laissé entraîner par les écrits de quelques personnes qui ne connaissaient pas ou qui connaissaient très-mal les landes : il aurait dû s'en rapporter à son appréciation si exacte et à son jugement si droit.

Ainsi, M. Bères dit, à propos du minerai de fer d'alluvion, qu'on appelle dans les landes de Gascogne *mine en grain*, « que ce minerai est presque partout à la superficie du sol et se « trouve disséminé sur tous les points, etc. » C'est dans les mêmes termes que beaucoup de romanciers parlent des landes, en les émaillant de fleurs. Mais nous en demandons pardon à ces économistes et à leur poésie, si partout le minerai de fer affleure a la superficie du sol, il est impossible que du fer produise ni ces fleurs que colore leur imagination, ni ces légumes, et ces fourrages qu'ils portent en ligne de compte dans les tableaux de leurs prospectus; autant vaudrait dire à un maraîcher de prendre du mâchefer en place de terreau; à un fermier, de remplacer les engrais de ses écuries par les scories des hauts fourneaux!

La couleur du sable des landes fait illusion à tous les étrangers, sans en exclure les échappés des écoles, dont les diplômes servent de drapeaux à l'industrie..... Voici ce qui donne lieu à cette déception. Ce sable (les dunes exceptées) est gris clair ou brun, et dans les plus bas-fonds noir foncé. On attribue ces diverses nuances à des décompositions végétales mélangées avec du sable, tandis que cette couleur noire, brune ou grise, n'est que l'indice de la plus ou moins grande quantité de matières ferrugineuses mêlées aux sables brillants et cristallins que l'Océan a vomis sur ces plages. Nous avons dit que presque partout on trouvait le tuf ocracé à très-peu de profondeur. Ce tuf, sans exception, est de couleur rouge noire. Les masses d'eau qui, durant l'hiver, tombent et courent sur les surfaces des landes, entraînent avec elles une partie de ce tuf, en déposent les particules les plus grossières sur les bruyères et les fougères où elles se tamisent dans leur course, et arrivent dans les bas-fonds où elles viennent déposer les parties les plus ténues et les plus colorantes de ces tufs; c'est ce qui fait que, lorsque les eaux de ces bas-fonds ont été absorbées par le sol ou évaporées par la chaleur, ces bas-fonds ont l'aspect d'un véritable terreau! L'habitant des Landes, que sa pratique guide mieux que des déductions physiques ou chimiques, se garde de tenter aucune sorte de culture sur ces terrains qu'il délaisse en raison de leurs teintes foncées. Pour lui, la qualité du sol augmente à proportion de la dégradation de couleur; cela est tellement vrai, que dans le Médoc, dans le Bazadais, dans le pays de Horn, sur le plateau de Sabres, dans le Gavardan, le Médoc et le Maransin, partout enfin où l'on cultive quelques céréales et la vigne, on a choisi les sables les moins noirs. Les étrangers, au contraire, se laissant fasciner par cet aspect décevant, s'émerveillent de ce sol, et affirment avec une admirable assurance, que les Landes sont une terre d'humus, formée par des décompositions végétales!!... Qu'on nous permette un dernier mot sur cet objet qui jusqu'à ce jour a coûté tant de millions aux crédules commanditaires des landes. Plusieurs propriétaires ont tenté, avec des efforts inouïs, d'établir des prairies naturelles; la friabilité du sol, la facilité des irrigations par la dérivation des eaux supérieures, semblaient offrir les conditions les plus favorables; ils ont donc défriché, hersé, aplani le terrain, ils l'ont couvert de fumier et y ont amené ces eaux perfides qui, dès qu'elles ont eu baigné les racines et les tiges des plantes qu'on avait semées sur ce terrain, les ont fanées, corrodées, et n'ont laissé en dépôt qu'une légère couche de matière ferrugineuse qui a rendu ces terrains impropres à toute sorte de culture de plantes herbacées!

Un sol complétement minéralisé, des eaux qui charrient constamment des matières ferrugineuses, qu'elles tiennent en suspension, voilà les obstacles qui s'opposent et s'opposeront toujours à la formation des prairies dans les Landes.

Brémontier. Nous ne pourrions parler de cet habile administrateur sans répéter les éloges qui se rattachent à son nom chaque fois qu'on parle des Landes. Nous nous bornerons donc à emprunter à l'actualité une preuve effective des bénéfices et des avantages qu'il avait présagés de l'ensemencement des dunes. Les premiers semis de pins faits sous sa direction, sur divers points du littoral, viennent d'être mis en exploitation, et le résinage de ces forêts a été affermé à raison de 12 centimes par an pour chaque pin (d'environ 30 ans). Or, en ne portant le nombre des sujets qu'à 400 par hectare, c'est donc un premier revenu de 48 francs qui ira croissant tous les ans, jusqu'à ce que, par la coupe à blanc-étoc, on réalise l'énorme capital de la valeur matérielle des bois. Si on veut jeter un coup d'œil sur les évaluations de Brémontier, on verra que le prix de ferme de ces résinages est actuellement très-supérieur à celui qu'il leur avait assigné.

M. LE COMTE DE PUYSÉGUR a publié, ainsi que nous l'avons dit page 16, les notions les plus exactes et les plus élémentaires sur les Landes.

Les citations soulignées que nous lui avons empruntées prouvent que, pour M. Émile Bères, pour M. de Puységur, pour nous, comme pour tout homme du pays, la culture forestière, celle du pin principalement, est la seule qu'on puisse tenter avec succès dans les landes si stériles de la Gascogne.

Nous allons maintenant comparer les chiffres et les données de M. de Puységur avec les nôtres, pour démontrer que nous sommes restés, comme nous l'annonçons, en dessous de toutes les appréciations faites par les économistes, en dessous des chiffres qu'on réalise dans les transactions commerciales.

C'est ainsi qu'au point de départ M. de Puységur établit pour valeur du sol des landes la somme de 50 fr. par journal, soit 150 fr. l'hectare (comportant trois journaux), ci par hectare . . . . 150 fr. 00 c.

Il porte pour frais de défrichement, de graines et d'ensemencement 32 fr., 50 c. par journal, soit par hectare. 97 50

Total par hectare, en prix d'achat et frais d'ensemencement . . . . 247 fr. 50 c.

Tandis que nous ne portons, nous, ces mêmes dépenses, pages 5, 15 et 41, qu'à 62 fr. l'hectare, ci 62

Ce qui établit en faveur de notre système une économie par hectare de . . . . 185 fr. 50 c.

Nous avons déjà dit que les landes dont il était question dans ce projet d'ensemencement étaient situées à proximité de Bordeaux et des vignobles, et que la consommation des échalas pouvait motiver le surcroît de dépenses de ce mode d'ensemencement.

M. de Puységur établit qu'à trente ans chaque pin doit donner annuellement en résine 7 cent. 1|2.

Nous ne portons, pages 11 et 47, le produit en résine d'un pin de cet âge qu'à 4 cent.

D'après ses calculs, un pin de trente ans vaut 1 fr. 50 c. au moins sur place.

Nous ne portons, pages 11 et 46, les arbres de cet âge qu'à 60 cent.

Selon le même auteur, la forêt, après qu'on a opéré tous les éclaircissages, peut rester peuplée de 200 arbres par journal ou 600 arbres par hectare.

Dans nos calculs, nous réduisons à 500 arbres par hectare les hautes futaies de pins.

Il évalue chaque pin de l'âge de soixante ans à 6 fr., et ceux de quatre-vingts à cent ans à 10 fr.

Tandis que nous ne les portons, pages 12 et 48, qu'à 5 fr. à l'âge de soixante ans, prix qui s'accroîtrait de toute l'extension donnée par M. de Puységur à la valeur des arbres de soixante à cent ans.

On affirme enfin dans ce projet d'ensemencement que M. le comte de Puységur possède dans la commune de Salles 25,000 arbres pins qui lui donnent 5,000 *francs de revenu* NET *par an*, soit 20 cent. par arbre.

Nous ne portons, pages 12 et 48, ce produit qu'à 10 cent. par arbre, au maximum.

M. DE MÉTIVIER, grand propriétaire dans les Landes, est venu apporter le contingent de sa longue expérience dans la manifestation de la vérité sur ces contrées. Certes, lorsque des hommes de talent et de conscience viennent affirmer les impossibilités qu'ils ont rencontrées, analyser les obstacles naturels et en signaler avec détail les circonstances, un témoignage aussi positif doit l'emporter sur les théories, les contes et les balivernes dont tant de gens se font les narrateurs !!

M. DE MORTEMART DE BOISSE.... Son *Voyage dans les Landes* est un roman joujou; du marivaudage d'assez bon goût, de la science, légère, il est vrai, mais amusante, de l'esprit à chaque page et presque à chaque mot, et contre toute intention, peut-être, de la malice ou de l'épigramme! Voilà pour la forme. Et comme cet écrit n'est qu'une marqueterie sans ensemble, qui échappe à toute analyse, on ne peut en parler que pour la légèreté et l'élégance des détails. Officieux et obligeant durant plusieurs pages, mais craignant sans doute qu'une plus longue course sur cette voie fît chevaucher son ouvrage entre le classique et le romantisme, et, par soubresaut, le rejetât sur le grand chemin de la RÉCLAME, l'auteur a pris le pavot pour épisode ! ! ! Que Dieu exauce les vœux de M. de Mortemart et donne de la rosée à cette plante, afin qu'il reste aux pauvres actionnaires, qu'il semble avoir pris à tâche de consoler, quelques grains d'opium pour les guérir de l'irritation ou du désespoir que leur causera *l'irrémédiable stérilité* des champs qu'ils ont couverts de leurs écus !

NOTA. Nous croyons devoir ajouter à la nomenclature des auteurs qui ont écrit sur la culture du pin maritime, le nom des hommes d'intelligence qui ont su profiter des circonstances favorables que présentent les landes de la Gascogne, pour y développer en grand et avec succès cette culture. Bien que ces auteurs n'aient, en général, émis que des opinions constatées par des faits soigneusement étudiés et recueillis, on pourrait avec l'incurie, l'indifférence et la légèreté qu'on porte malheureusement en France à notre riche, glorieux et puissant avenir, récuser ces opinions, sous le frivole et commode prétexte que ce sont des *utopies*, *des systèmes*, *des illusions*, etc. Eh bien ! que les beaux esprits qui veulent trancher les questions les plus graves par un mot à effet, que les loups-cerviers qui affirment que la *coulisse* de la bourse est la seule voie qui mène à de grands bénéfices, que les égoïstes qui ont pour seule maxime *l'argent gagne l'argent*, que les plus timorés capitalistes enfin qui veulent accorder l'ambition avec la prudence et la probité, aillent ou fassent vérifier les deux faits immenses qui se sont accomplis dans les Landes et que nous allons indiquer ; tous demeureront convaincus que dans les conditions actuelles des landes de la Gascogne, *le bas prix du travail et l'économie du boisement en pins maritimes,* on ne peut tenter nulle part en France, en Europe, en Algérie ni en Amérique, aucune entreprise agricole, commerciale ou manufacturière plus fructueuse, qu'on ne peut enfin faire un placement de fonds mieux garanti et plus profitable que le semis de pins et de mûriers dans les landes de Gascogne.

Voici les deux faits que nous rapportons comme une preuve de cette assertion :

1° Le fermage par voie d'adjudication publique des pins des dunes, à raison de 12 centimes par arbre. Or, comme chaque pin peut être résiné dès l'âge de 25 ans, et qu'un semis bien fait doit laisser 500 arbres par hectare, on voit tout de suite qu'au bout de 25 ans on aura pour premier terme d'un revenu progressif pendant 35 ans, une somme de 62 francs 50 centimes par hectare, contre une mise première de 62 francs.

2° MM. LES MARQUIS DE CORNULLIER ET DE MONTI, propriétaires des landes du département de Lot-et-Garonne, ont fait opérer, depuis 4 ou 5 ans, sur 5,000 hectares, des semis de pins qui sont de la plus belle venue, ce qui prouve incontestablement que les opérations en grand se font encore avec plus de certitude que des semis restreints à une petite surface. Ces agronomes ont essayé aussi la culture du mûrier sur une assez grande échelle, leur pépinière serait enviée par les départements méridionaux les plus favorisés pour cette culture.

Ces deux faits nous semblent le meilleur corollaire de tous les raisonnements qui précèdent, et la sanction la plus imposante des vérités sur les Landes, que nous avons exposées dans cet opuscule.

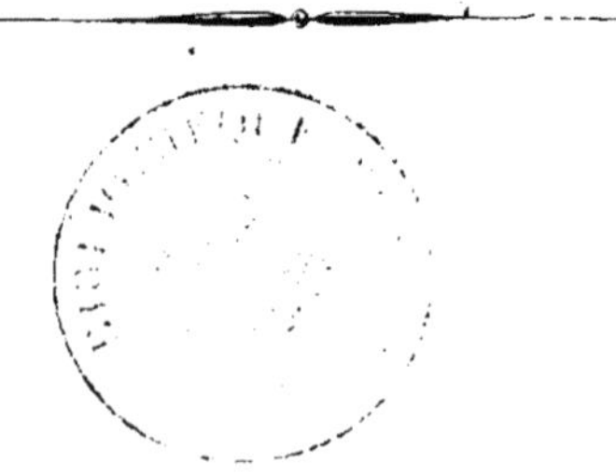

ERRATA.

Page 35, lignes 10 et 11 : au lieu de *Labrède*, lisez LABRIT.

— 38, ligne 27 : au lieu de 1777 fr., lisez 50 fr.

— 39, ligne 30 : au lieu de *qu'il y a trop peu*, lisez ET QU'IL Y A TROP PEU.

— 49, ajoutez à la fin de la cinquième ligne de la note (1), SOIT 400 FRANCS L'HECTARE.

— 61, ligne 4 : au lieu de *Labrède*, lisez LABRIT.

— 66, ligne 11 : au lieu de *ainsi la bourgeoisie*, lisez QUE LA BOURGEOISIE, etc.

— — ligne 30 : au lieu de *comme les affinités*, lisez AJOUTONS QUE LES AFFINITÉS.

— — ligne 33 et suivantes : au lieu de *font naître, etc.*, lisez : « DONNENT TANT D'OCCASIONS AUX ILOTES DE VOIR COMBIEN EST EXIGU ET ÉTRIQUÉ LE PATRON SUR LEQUEL ON TAILLE LES LYCURGUE ET LES ARÉOPAGITES QU'ILS SE TROUVENT NATURELLEMENT, etc. »

— 68, ligne 8 : au lieu de *propriétaires*, lisez PROLÉTAIRES.

www.ingramcontent.com/pod-product-compliance
Ingram Content Group UK Ltd.
Pitfield, Milton Keynes, MK11 3LW, UK
UKHW020919180726
13838UKWH00002B/636

9 782329 471556